Marwa M. Eid

Síntese e aplicações de hidrogéis

Marwa M. Eid

Síntese e aplicações de hidrogéis

ScienciaScripts

Cover image: www.ingimage.com

This book is a translation from the original published under ISBN 978-3-659-82098-4.

Publisher:
Sciencia Scripts
is a trademark of
Dodo Books Indian Ocean Ltd. and OmniScriptum S.R.L publishing group

120 High Road, East Finchley, London, N2 9ED, United Kingdom
Str. Armeneasca 28/1, office 1, Chisinau MD-2012, Republic of Moldova, Europe
Printed at: see last page
ISBN: 978-620-8-31929-8

Editor
Marwa M. Eid
Mob. : +966548394594
correio eletrónico: eng_marwa06@yahoo.com

Dedicado em primeiro lugar ao meu querido marido Ashraf, à minha linda filha Salma e aos meus pais

Prefácio

Os hidrogéis, que possuem propriedades sólidas e líquidas, são materiais surpreendentes e fascinantes. Há cerca de três décadas, eram apenas compostos por uma rede tridimensional reticulada. Os hidrogéis superabsorventes são polímeros caracterizados por uma estrutura em rede com um certo grau de reticulação. A capacidade de absorver grandes quantidades de água torna-os ideais para o armazenamento ou transporte de ingredientes activos.

Podem absorver e reter enormes quantidades de água ou soluções aquosas e são capazes de absorver centenas a milhares de vezes a sua própria massa de água para formar um hidrogel estável; no entanto, a água retida também dificilmente pode ser removida sob alguma pressão. A superabsorvência confere a esta classe de materiais um leque de utilizações surpreendente. As aplicações dos hidrogéis têm-se generalizado, nomeadamente nos sectores farmacêutico, biotecnológico, agrícola e alimentar, cosmético e de remoção de metais pesados. Para além do inchaço, duas outras propriedades tornam os hidrogéis atractivos.

A primeira propriedade é a forte alteração de volume que pode ser excitada por diferentes factores físicos e químicos, como a temperatura, a tensão eléctrica, o pH, a concentração de compostos orgânicos e de sal na água. T. Tanaka verificou que, quando uma quantidade crítica de um solvente orgânico era adicionada a um gel de poli(acrilamida) inchado com água, o gel colapsava. Foram estudados muitos géis de polímeros sintéticos e naturais. Experiências posteriores mostraram que uma transição de fase de volume (inchaço/colapso) também pode ser provocada por alterações noutros parâmetros físicos, como o pH, a força iónica e a temperatura. A segunda propriedade é que a alteração de volume devida a estímulos físicos ou químicos é reversível.

Este livro, intitulado Hydrogel Synthesis and Applications (Síntese e Aplicações de Hidrogéis), descreve de forma abrangente e sistemática os conhecimentos actuais sobre materiais funcionais de hidrogéis inteligentes com funções de resposta a estímulos ambientais. O livro está organizado da seguinte forma. Após uma introdução geral aos hidrogéis, o Capítulo 2 ilustra os diferentes tipos de hidrogéis. De seguida, o Capítulo 3 descreve as diferentes formas utilizadas para a preparação de hidrogéis; o seu número de páginas é maior do que o dos outros capítulos. O Capítulo 4 aborda as propriedades dos hidrogéis. Finalmente, com base na compreensão dos efeitos químicos e físicos, as aplicações dos hidrogéis são apresentadas no Capítulo 5.

Os editores deste livro esperam que o conteúdo apresente os progressos mais recentes na síntese e aplicação de hidrogéis. Como se pode ver, ainda são necessários esforços para colmatar a lacuna entre a investigação de ponta e as exigências existentes para uma futura introdução no mercado. No entanto, existem muitas ideias para ultrapassar os problemas que ainda subsistem. Que este livro seja uma inspiração para todos os colegas envolvidos na investigação e desenvolvimento de hidrogéis! Agradecemos a todos os nossos co-autores que contribuíram com o seu conhecimento abrangente e a sua competência específica para este livro. Agradecemos também ao centro nacional de investigação que nos permitiu utilizar material e base de dados. Além disso, estamos profundamente gratos à equipa da amazon pelo seu apoio durante todo o processo, desde a primeira ideia até ao livro final.

Marwa M. Eid
Investigador
Centro Nacional de Investigação
Egito, dezembro, 2015

ÍNDICE DE CONTEÚDOS

CAPÍTULO 1
INTRODUÇÃO

O hidrogel é definido como uma rede polimérica hidrofílica reticulada e inchada pela água (Peppas, 1987). Outra definição de hidrogel é que se trata de um material polimérico que exibe a capacidade de inchar e reter uma quantidade significativa de água sem se dissolver (Andrade et al., 1976; Kwon et al., 1991). As estruturas de rede 3-D do hidrogel são formadas pela introdução de ligações cruzadas intermoleculares nas cadeias lineares do polímero. As ligações cruzadas são formadas por ligações electrostáticas, hidrofóbicas, covalentes ou interações dipolo-dipolo. O hidrogel formado por ligações cruzadas une unidades que pertencem a diferentes moléculas de polímero, como se mostra na **Figura (1.1)**.

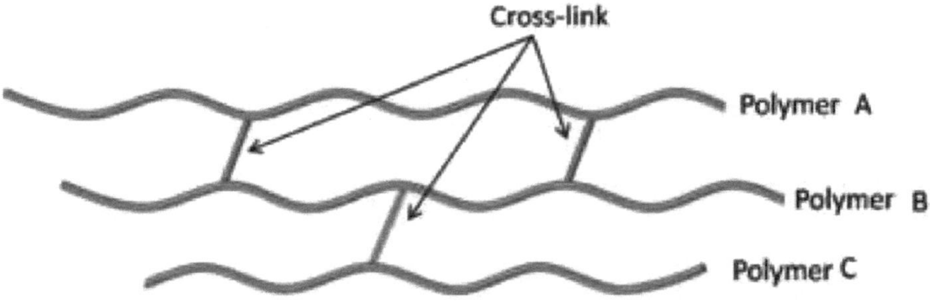

Figura (1.1) Polímero reticulado

A propriedade de intumescimento em água do hidrogel deve-se à presença de grupos hidrofílicos ao longo da cadeia polimérica, tais como grupos hidroxilo, carboxilo, amida e sulfónico, como se mostra na **Figura (1.2)** que ilustra a estrutura do hidrogel (Kopecek e Yang, 2007; Sorbara et al.,2009). O hidrogel incha até que a força de retração exercida pelas ligações cruzadas seja totalmente contrabalançada pela força termodinâmica de inchaço (Francisco et al., 2011). Os hidrogéis têm um elevado grau de flexibilidade, assemelhando-se aos tecidos moles vivos, devido ao seu teor de água relativamente elevado e à sua consistência de borracha macia. A história moderna das utilizações médicas do hidrogel remonta ao final da década de 1950. O poli (metacrilato de 2-hidroxietilo), conhecido como P-HEMA, foi o primeiro hidrogel sintético sintetizado por cientistas da DuPont. Wichterle e Lim (1960) descobriram a importância dos hidrogéis de P-HEMA como excelentes candidatos para lentes de contacto. Esta inovação nas lentes de contacto conduziu a um novo campo industrial de hidrogéis biomédicos. O grande sucesso comercial das lentes de contacto gelatinosas gerou um enorme interesse nos hidrogéis e acabou por levar ao desenvolvimento de uma nova versão de hidrogéis, denominada hidrogel inteligente. O hidrogel inteligente é uma categoria especial de hidrogel que pode alterar as suas propriedades de acordo com estímulos como a temperatura, o pH, a força iónica, o campo elétrico ou a luz (Suzuki e Tanaka, 1990). A investigação de Lim e Sun (Lim e Sum, 1980) demonstrou o sucesso da utilização de microcápsulas de alginato de cálcio para o encapsulamento de células. Seguiu-se Yannas, 1989 (Yannas et al., 1989), que incorporou polímeros naturais, como o colagénio, em hidrogéis para utilização em pensos artificiais para queimaduras. Os hidrogéis começaram a ser lentamente explorados em vários domínios de investigação, como a agricultura (Rehab, 1991), os biomateriais (Pulapur et al., 1992; Zhang et al., 1993), a biotecnologia (Daubresse et al., 1994) e a farmácia (Kamath e Park, 1993).

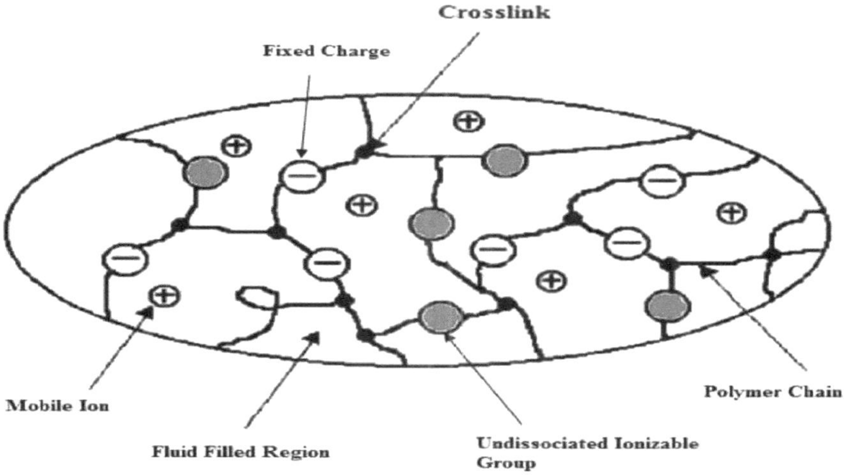

Figura (1.2) Estrutura do hidrogel

CAPÍTULO 2
CLASSIFICAÇÃO DOS HIDROGÉIS

Existem muitas classificações de hidrogéis. As mais comuns foram resumidas na **figura** seguinte **(2.1)** e são discutidas em pormenor mais adiante.

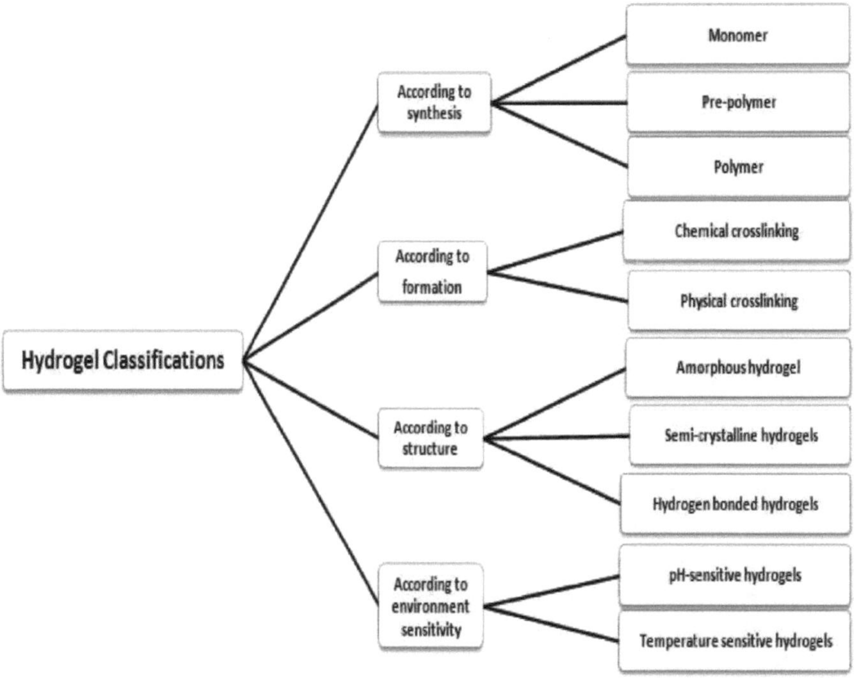

Figura (2.1) Classificação dos hidrogéis

2.1 De acordo com a Síntese

B egundo a fonte utilizada para a preparação do hidrogel, os hidrogéis podem ser classificados como (1) hidrogel de homo-monómeros, (2) hidrogel de co-monómeros, (3) hidrogel de monómeros e co-polímeros.

2.1.1 Hidrogel de homo-monómero

Os hidrogéis homo-monómeros são hidrogéis de redes reticuladas sintetizados a partir da polimerização de uma unidade monomérica hidrofílica, tais como metacrilatos, metacrilamidas, acrilamida (Am), ácido acrílico (AA), acrilonitrilo (AN) (Enas A.,2015) e monómeros polifuncionais, tais como leva à formação de estruturas de rede hidrofílicas.

2.1.2 Co-monómeros Hidrogel

Os hidrogéis de co-monómeros são hidrogéis produzidos pela reticulação de duas unidades de monómeros, das quais pelo menos uma deve ser hidrofílica para os tornar expansíveis.

Solpan (2003) preparou um hidrogel composto por uma mistura de Am e AA com diferentes rácios de peso, enquanto o hidrogel reticulado composto por Am e metileno bisacrilamida (MBA) foi preparado por Schacht (Schacht, 2004).

2.1.3 Hidrogel de co-polímeros

Os polímeros são moléculas com um peso molecular elevado. A reticulação de mais do que um polímero para formar uma rede, em que pelo menos um deles é hidrofílico, resulta na formação de um hidrogel. Wong, (2002) utilizou uma mistura de polímeros de alginato e quitosano para a preparação do hidrogel, enquanto Schacht (1993) preparou um hidrogel utilizando formaldeído e poli-aldeído.

Sorour et al.,(2013) prepararam um hidrogel de co-polímero utilizando o enxerto radical livre de acrilamida numa mistura de amido/quitosano/alginato.

2. 2 De acordo com a formação de ligações cruzadas

Os hidrogéis são classificados de acordo com a formação de ligações cruzadas em redes de hidrogéis físicos e químicos. Os hidrogéis físicos são reversíveis devido a alterações conformacionais, enquanto os hidrogéis químicos são permanentes e irreversíveis em resultado de alterações de configuração. **A figura (2.2)** mostra um desenho simples para clarificar a diferença entre hidrogéis físicos e químicos.

2.2.1 Formação de ligações cruzadas químicas

I m hidrogel de reticulação química é utilizada uma reticulação covalente química para preparar um hidrogel químico. Os hidrogéis químicos são geralmente redes de ligações cruzadas covalentes produzidas pela reticulação de polímeros solúveis em água ou pela conversão de polímeros hidrofóbicos em polímeros hidrofílicos para formar uma rede na presença de um (Aizo, 1991; Wang et al., 2008).

2.2.2 Formação de ligações cruzadas físicas

Nos hidrogéis de reticulação física, a natureza do processo de reticulação é física. Os hidrogéis físicos são mantidos juntos por processos físicos como a agregação, associação, complexação, cristalização, ligação de hidrogénio ou interações iónicas. (Aizo, 1991; Bausch et al., 1998; Laurent et al., 2002).

Por exemplo, as soluções aquosas de gelatina e de ágar transformam-se novamente em sólidos com o aumento da temperatura (Hoffman, 2002).

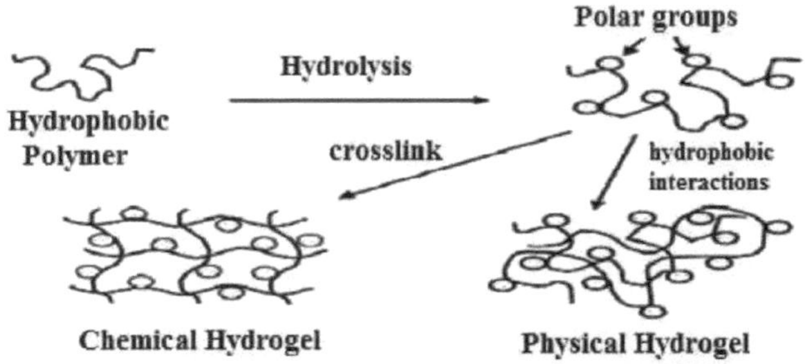

Figura (2.2) Hidrogel físico e químico

2.3 De acordo com a estrutura

Com base na estrutura da rede, o hidrogel foi classificado em três categorias principais, como se segue: (Peppas, 2000; Nicolas, 2003)

2.3.1 Hidrogel amorfo

Nos hidrogéis amorfos, as cadeias macromoleculares estão dispostas aleatoriamente, como mostra a **Figura (2.3)**.

Figura (2.3) Hidrogel amorfo

2.3.2 Hidrogéis semi-cristalinos

Os hidrogéis semi-cristalinos são caracterizados por regiões densas de cadeias macromoleculares ordenadas, como se mostra na **Figura (2.4)**.

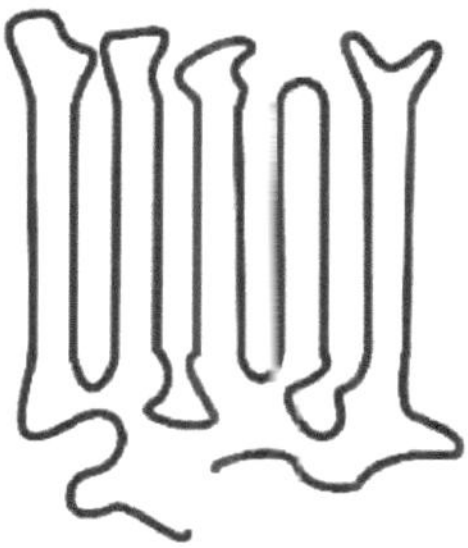

Figura (2.4) Hidrogéis semi-cristalinos

2.3.3 Hidrogéis ligados por hidrogénio

As ligações de hidrogénio e as estruturas de complexação podem ser responsáveis pela estrutura tridimensional (3D) formada como se mostra na **Figura (2.5)**.

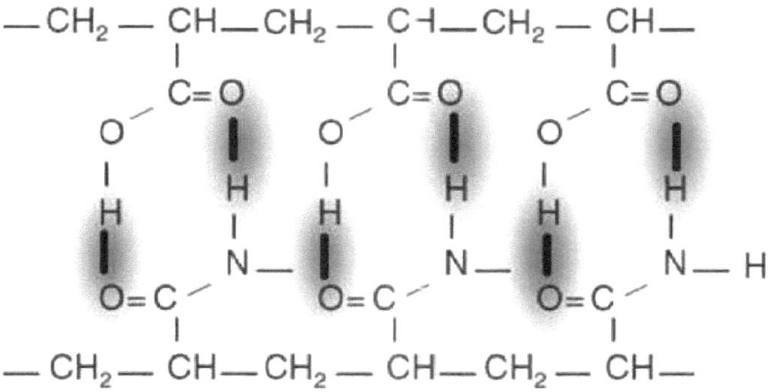

Figura (2.5) Hidrogéis ligados por hidrogénio

2. 4 De acordo com a sensibilidade ambiental

Os hidrogéis podem ser classificados de acordo com a interação com o ambiente circundante, como o pH e a temperatura, como se mostra na **Figura (2.6).** Dependendo da estrutura dos hidrogéis, estes apresentam um comportamento de dilatação que depende das alterações do ambiente físico circundante, alterando o seu tamanho ou forma, ou seja, respondem às alterações de temperatura e pH (Jain, 2000). Os hidrogéis não iónicos são quase insensíveis às alterações de pH, enquanto os hidrogéis iónicos apresentam uma alteração dramática de tamanho com a alteração de pH.

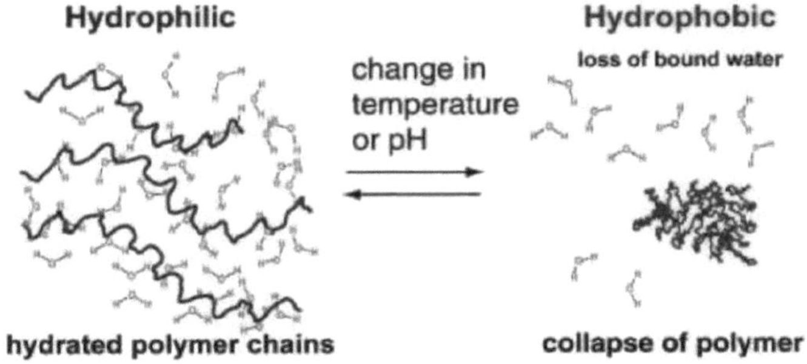

Figura (2.6) Sensibilidade do hidrogel às condições envolventes

2.4.1 Hidrogéis sensíveis ao pH

Estes hidrogéis contêm grupos pendentes ácidos ou básicos. Em meios aquosos de pH e força iónica adequados, os grupos pendentes podem ionizar-se, desenvolvendo cargas fixas no hidrogel. As forças de inchamento desenvolvidas nestes sistemas são maiores do que as dos hidrogéis não iónicos. Este aumento do inchaço deve-se à localização de cargas fixas nos grupos pendentes. Como resultado, o tamanho da malha das redes poliméricas pode mudar significativamente com pequenas alterações de pH (Peppas, 1997; Stayton et. Al., 2005). O ácido polimetacrílico (PMAA) e o PEG são exemplos clássicos de hidrogéis sensíveis ao pH **Figura (2.7a)**.

2.4.2 Hidrogéis sensíveis à temperatura

Se o hidrogel puder formar associações hidrofóbicas e agregação de cadeias, trata-se de hidrogéis sensíveis à temperatura. Como se mostra na **Figura (2.7b)**, estes hidrogéis têm a capacidade de inchar ou encolher em resultado da alteração da temperatura do fluido circundante, como a poli (N-isopropilacrilamida) (PNIAm), que recebeu uma atenção considerável para as aplicações em bio-separações e administração de medicamentos (Peppas et al., 2000; Qiu et al., 2001).

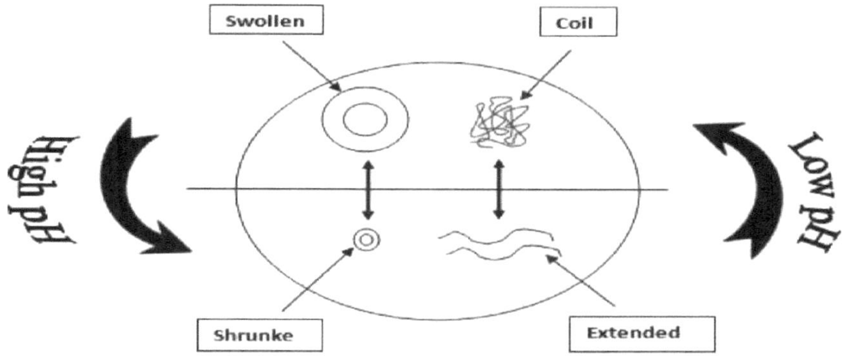

Figura (2.7a) Efeito da alteração do pH no inchaço do hidrogel

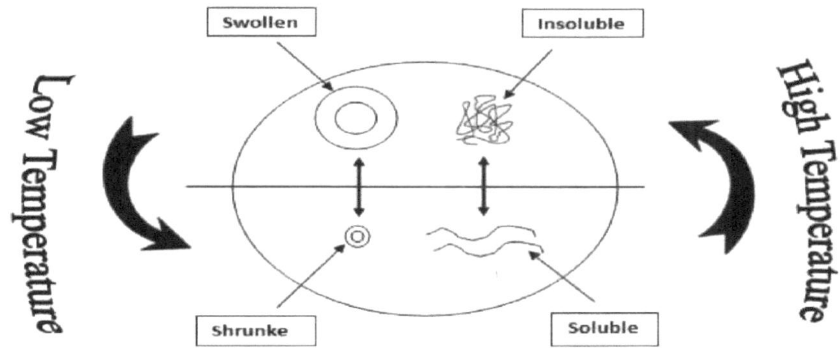

Figura (2.7b) Efeito da alteração do pH no inchaço do hidrogel

CAPÍTULO 3
PREPARAÇÃO DO HIDROGEL

As redes poliméricas de hidrogel são preparadas através de diferentes técnicas, no entanto, a técnica sintética mais comum é a polimerização por reticulação radical livre de um monómero hidrofílico não iónico, como a acrilamida (AAm), na presença de uma pequena quantidade de um reticulador. A fim de aumentar a capacidade de inchaço do hidrogel, um monómero iónico é incluído na mistura de reação de preparação, sendo as reacções de polimerização realizadas numa solução aquosa. A estrutura e as propriedades do hidrogel dependem das condições da reação de formação, ou seja, o grau inicial de diluição dos monómeros, a concentração do reticulante e a temperatura da reação. O estudo do mecanismo de formação de hidrogéis utilizando várias condições experimentais é de grande interesse para prever as propriedades do hidrogel. Neste capítulo, serão ilustradas diferentes condições de preparação do hidrogel, como mostra a **Figura (3.1)**.

3.1 Polímeros utilizados para a preparação de hidrogéis

B s polímeros naturais e sintéticos têm sido utilizados como modelo de substrato para a preparação de hidrogéis (Dang et al., 2006).

3.1.1 Hidrogéis à base de polímeros naturais

Na preparação de hidrogéis, foram utilizados dois tipos de polímeros naturais biodegradáveis: o primeiro tipo é constituído por proteínas, como a fibrina, o colagénio e a gelatina; o segundo tipo é constituído por polissacáridos, que são cadeias de hidratos de carbono relativamente complexas, constituídas por unidades de glucose ligadas entre si por ligações glicosídicas, frequentemente insolúveis em água à temperatura ambiente, com a fórmula geral $(C_6H_{10}O_5)_n$ em que n se situa geralmente entre 40 e 3000.

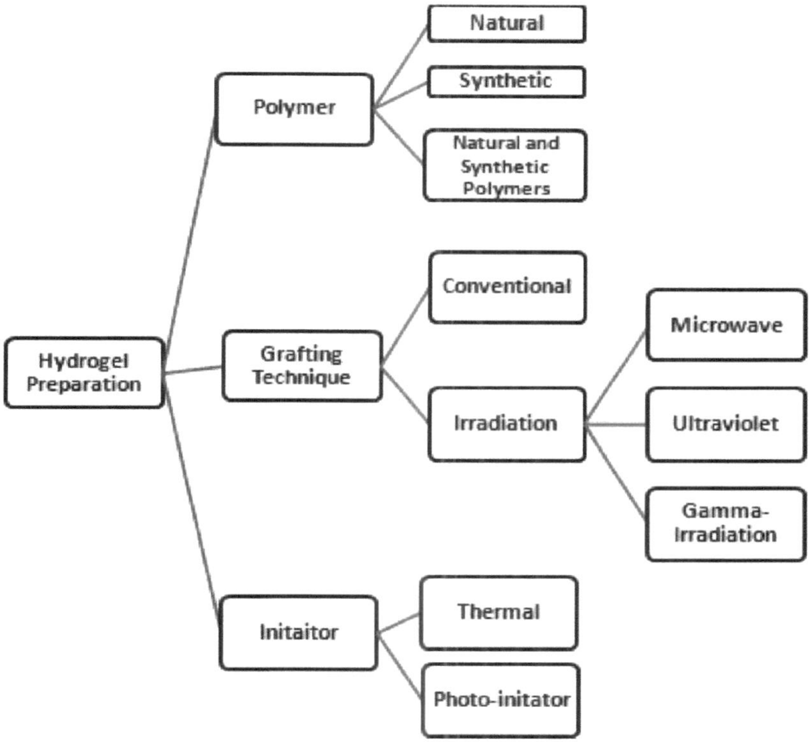

Figura (3.1) Condições de preparação do hidrogel

Os polissacáridos naturais, como o amido, o quitosano e o alginato, são preferidos aos polímeros de polissacáridos sintéticos na preparação de hidrogéis devido à sua biodegradabilidade, baixo custo, fácil disponibilidade a partir de recursos agrícolas renováveis e não toxicidade (Bhardwaj et al., 2000; Durcilene et al., 2007). No entanto, também apresentam alguns inconvenientes, como a hidratação não controlada e a contaminação microbiana, que limitam a sua capacidade de formar hidrogéis estáveis. As propriedades destes polímeros naturais podem ser modificadas por enxertia com monómeros sintéticos, como se verá mais adiante neste capítulo. Esta combinação química entre polímeros de polissacarídeos naturais e monómeros sintéticos produz novos materiais que podem ter propriedades desejáveis, mantendo as propriedades originais dos polímeros naturais (Kunal et al., 2008; Ashok et al., 2009).

A. Amido

O amido (St) é um polissacárido natural constituído por unidades de não-hidroglucose interligadas, cada uma das quais contém três grupos hidroxilo (Maolin et al., 2002). Os grânulos de amido contêm amilose e amilopectina, como se mostra na **Figura (3.2)**.

A amilose, que é um polímero isotáctico linear que consiste normalmente em até 3000 unidades monoméricas de moléculas de glucose interligadas por ligações glicosídicas α-1, 4. A amilopectina consiste num policarbohidrato mais ramificado com ligações α-1, 4 que servem de espinha dorsal e pontos de ramificação α-1, 6 que ocorrem aproximadamente a cada 20-25 unidades de glucose (Manners, 1989; Takeda et al., 1992; Fredriksson et al., 1998; Paul et al., 2008)

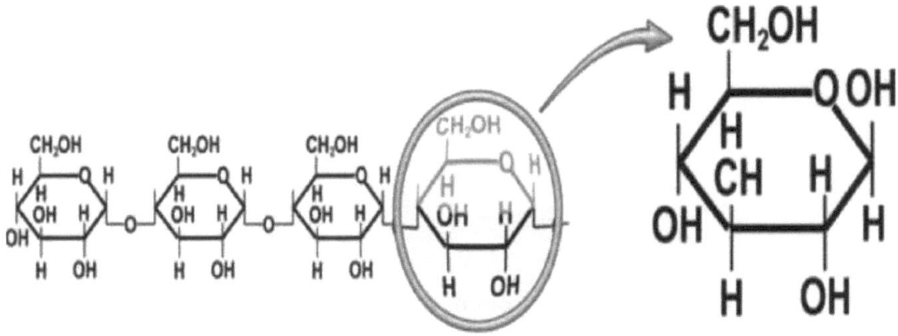

Figura (3.2) Estrutura química do amido

Bao J. et. al., (2005) estudaram as propriedades do amido e concluíram que o amido é um material útil para muitas aplicações industriais, mas que tem sido confrontado com algumas limitações, incluindo a baixa resistência à humidade, a fraca processabilidade (elevada viscosidade) e a incompatibilidade com alguns polímeros hidrofóbicos.

Foram consideradas várias modificações físicas ou químicas dos grânulos de amido, incluindo a modificação química (Athawale e Vidyogauri,2009; 2000; Chena et al., 2005).Charoen et al, (2010) utilizaram persulfato de potássio (KPS) para a enxertia de Am no amido, o SWR obtido foi de 605 g/g, utilizando [KPS] de 1,5% em peso do peso do amido, St:Am (rácio de peso) de 1:1 e 140 minutos a 80° C. Hashem et al., (2005) enxertaram AN no amido utilizando CAN, obtendo SWR de 920 g/g. O amido foi primeiro gelatinizado a 85°C durante 30 minutos e depois sujeito a polimerização com AN utilizando uma razão molar AN/St de 4,8 e 0,01 mol/l de CAN.

Uma mistura de acrilamida e ácido acrílico foi enxertada no amido, Suda et. al, (2000) enxertaram uma mistura de Am e AA no amido utilizando irradiação gama, o SWR obtido foi de 755 g/g utilizando as condições óptimas: 10 gm de amido, 20 gm de monómero (razão de peso 1:1) para um período de reação de 90 minutos, enquanto Athawale e Vidyagauri (2001) obtiveram um SWR de 510 g/g para os hidrogéis sintetizados por enxerto da mistura de Am e AA no amido, utilizando convencionalmente CAN nas seguintes condições 2 gm de amido, 5 gm de monómero (razão de peso 1:4), [CAN] = 0,008 mol/l durante 120 minutos. Além disso, Wang e Liu (2006) enxertaram a mesma mistura de monómeros no amido, o SWR foi de 784 g/g nas condições ideais: a proporção de amido seco para água destilada foi de 1:8 (w/w), a proporção de amido para monómero foi de 1:6 (w/w), a concentração de iniciador foi de 0,004 mol/l.

B. Quitosano

O quitosano (Ch) é um derivado N-desacetilado da quitina, que é composto por um polissacárido linear constituído por unidades de 2-amino-2-desoxi-D-glucose (D-glucosamina) e 2-acetamido-2-desoxi-D-glucose (N-acetil-D-glucosamina) ligadas a α-(1-4). É biocompatível, biodegradável e os seus produtos de degradação não são tóxicos (Jigar et al., 2007; Eunice et al., 2008; Alves e Mano, 2008).

O quitosano tem dois tipos de grupos reactivos, o grupo amino livre nas unidades desacetiladas e os grupos hidroxilo nos carbonos C3 e C6 das unidades desacetiladas, como se mostra na **figura (3.3)**.

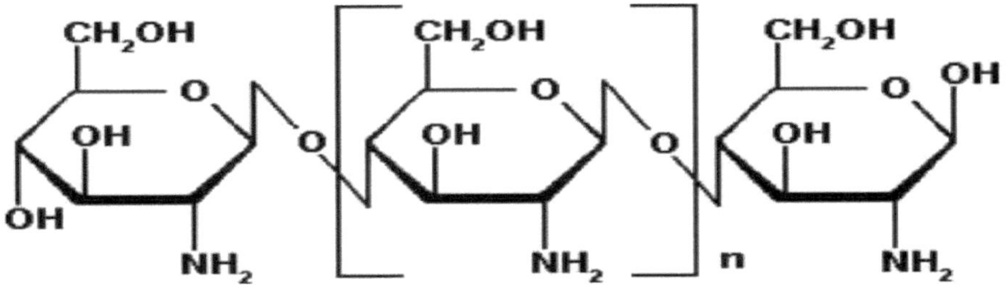

Figura (3.3) Estrutura química do quitosano

Bashar, (2003) estudou o enxerto de etilmetacrilato (EMA) em quitosano iniciado por nitrato de amónio cérico (CAN). A %GE e a % de adição obtidas foram de 72% e 45%, respetivamente, utilizando 1 g de quitosano, 0,0018 mol/l [CAN], 0,025 mol/l [EMA], 180 minutos de tempo de reação e rácio de licor 7. Mahdavinia et al.,(2004) enxertaram AN em quitosano utilizando nitrato de amónio cerâmico (CAN) como iniciador. %G, %GE, %add-on e SWR foram 343%, 90,2%, 70,9% e 380 g/g, respetivamente, utilizando as condições óptimas de 0,3 gm quitosano , 1,5 gm AN , 1,8 ml CAN para 2 horas de tempo de reação. Pourjavadi et al., (2006) enxertaram Am em quitosano utilizando persulfato de amónio (APS) como iniciador sob atmosfera de árgon. A SWR das amostras enxertadas e hidrolisadas foi de 80 e 232 g/g, respetivamente, nas condições óptimas de: 0,5 g de quitosana em 30 ml , 0,1 g de APS e 2 g de Am.

C. Alginato

O alginato (Alg) é um polissacárido linear, produzido por algas castanhas e algumas bactérias (Zhao, 1989; Eunice et al., 2008). É composto por ácido D-manurónico (M) com 4 ligações e pelo seu 5-epímero, ácido R-Lgulurónico (G) com 4 ligações, como se mostra na **Figura (3.4)**.

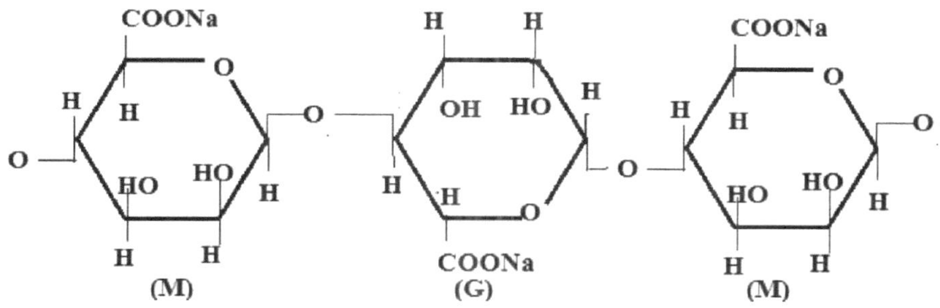

Figura (3.4) Estrutura química do alginato

Tridib e Singh, (2000) enxertaram Am em Alg utilizando CAN . Foi obtida uma %GY de 96% utilizando as seguintes condições: 2,5 gm Alg, 0,3 mol Am, 0,025 mol/l CAN. Também Kaiqiang et al., (2006) enxertaram Am em Alg usando CAN, %GY de 94,5 % foi obtido usando as seguintes condições de reação: 2,5 gm Alg, 8,53 gm Am e 14,5 horas de tempo de reação. Além disso, Yihua et al., (2008) sintetizaram uma série de hidrogéis por copolimerização de ligações cruzadas de enxerto de Alg e ácido acrílico (AA) utilizando CAN como iniciador. A %G e a SWR obtidas foram de 584% e 8 g/g, respetivamente, utilizando as seguintes condições de reação: Alg e AA foram 5 g e 9 g, respetivamente e 6 mol/l CAN. Pourjavadi et al., (2005) prepararam hidrogéis altamente expansíveis à base de Alg e metacrilamida (MAm) através da polimerização por radicais livres utilizando APS, o SWR obtido foi de 200 g/g utilizando 1 g de Alg, 0,94 mol/l de MAm a 60 minutos de tempo de reação.

D. Celulose

A celulose é um polissacárido natural constituído por uma cadeia linear de várias centenas a mais de dez mil unidades de D-glucose com 0(1→4) ligações, como se mostra na **Figura (3.5)** (Alessandro et al., 2009; Hong et al.,2009).

Yoshito I. e Yasuko N. (1972) enxertaram celulose com estireno, AN, metacrilato de metilo (MMA) e metacrilato de 2-dimetilaminoetilo. Foi estudada a velocidade de agitação do enxerto. Para todos os monómeros utilizados, quase nenhum copolímero foi formado acima de 400 rpm, a formação de homopolímero foi também severamente reduzida a velocidades de agitação mais elevadas. Para alguns monómeros, a formação máxima foi obtida a cerca de 200-300 rpm, com os rendimentos do copolímero e do homopolímero a diminuírem drasticamente a velocidades de agitação inferiores e superiores.

Abd-Alla et al., (2007) estudaram o enxerto de Am em celulose usando CAN. A %G , a %GE e a SWR obtidas foram 180% 50% e 85,2 g/g, respetivamente, utilizando uma razão de licor (15:1), Am/celulose (w/w) de 4:1, uma concentração de iniciador de 0,3%, um tempo de enxerto de 2 horas e uma temperatura de enxerto de 30° C.

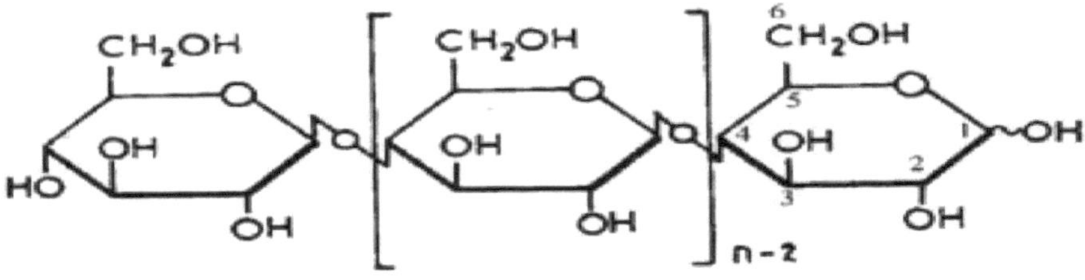

Figura (3.5) Estrutura química da celulose

E. Misturas de polissacáridos

A utilização de misturas de polissacáridos na preparação de hidrogéis pode mostrar uma melhor estabilidade mecânica e capacidade de retenção de água, em comparação com um único polissacárido.

Tendo em conta as limitações encontradas na utilização da mistura de polissacáridos puros, foi introduzido o conceito de complexo polielectrólito alginato-quitosano. Os hidrogéis de alginato-quitosano são preparados através da interação iónica entre os resíduos de carboxilo do alginato e os terminais de amino do quitosano. A complexação do alginato com o quitosano reduz a porosidade do alginato, o que diminui a fuga dos fármacos encapsulados. Além disso, o quitosano adquire um nível mais elevado de resistência mecânica com o apoio do alginato (Wong et al., 2002).

Sorour et al., (2011) prepararam um hidrogel superabsorvente utilizando uma mistura de amido-quitosano-alginato e estudaram as caraterísticas do hidrogel produzido.

3.1.2 Hidrogel à base de polímero sintético

Os polímeros sintéticos e degradáveis mais conhecidos utilizados na preparação de hidrogéis são os polihidroxilácidos, incluindo a poliglicolida (PGA), a polilactida (PLA), a poli(glicolida-co-lactida) (PLGA) e a poli(ε-caprolactona) (PCL). Estes polímeros degradam-se através da clivagem hidrolítica das suas ligações éster, resultando finalmente nos ácidos hidroxilo correspondentes como produtos de degradação não tóxicos.

3.1.3 Hidrogel à base de uma mistura de polímeros sintéticos e naturais

Hidrogéis baseados em misturas naturais de polímeros sintéticos ou monómeros concebidos para combinar as vantagens dos polímeros sintéticos e naturais. Por exemplo, os polissacáridos naturais foram combinados com monómeros vinílicos para importar propriedades desejáveis para a espinha dorsal do polissacárido sem sacrificar a sua natureza biodegradável.

3.4.2 Técnicas de polimerização de enxerto

A técnica de polimerização por enxerto é um dos métodos mais atractivos para conferir uma variedade de grupos funcionais à cadeia da espinha dorsal do polímero através da ligação de monómeros sintéticos à espinha dorsal do polímero natural, modificando assim as propriedades químicas e físicas da rede de polímeros produzida, como se mostra na **Figura (3.6)** (Hebeish e Guthrie, 1981; Kurita, 2001; Taek-Sung e Jin-Won, 2003; Jayashree et al.,2007). A polimerização de enxertos pode ser iniciada utilizando várias técnicas, tais como: técnicas convencionais e de irradiação.

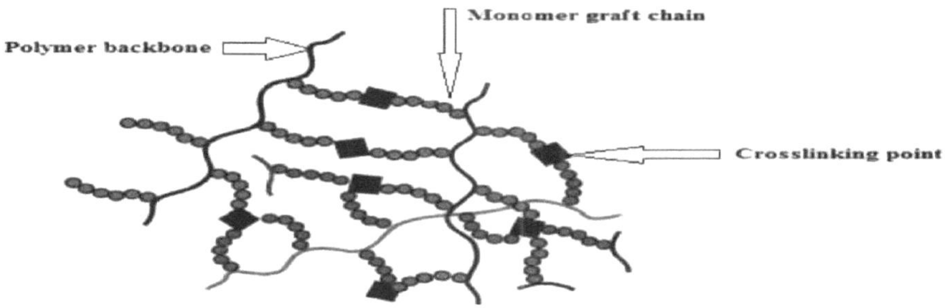

Figura (3.6) Monómero enxertado na espinha dorsal do polímero

3.4.2.1 Enxerto por técnica convencional

A técnica convencional é uma das formas mais comuns utilizadas no enxerto através da polimerização por enxerto de radical livre na presença de iniciadores químicos como o persulfato de potássio (KPS) e o nitrato de amónio cerâmico (CAN) (Nho e Jin ,1997).

Muitos autores utilizaram a técnica convencional para o enxerto de monómeros vinílicos em diferentes polissacáridos, como o amido (Wu ,1996; Youming et. al.,2002; Jasim et al., 2010), o quitosano (Yazdani et al., 2002), o alginato (Pourjavadi et al., 2005 ; Kaiqiang et al., 2006) e a celulose (Abd-Alla et al., 2007).

A extrusão reactiva é outro método convencional para a técnica de enxertia que tem sido explorado como um processo alternativo para a produção contínua de copolímeros de enxerto de polissacáridos com necessidades reduzidas de água. Permite a combinação de vários processos químicos numa única operação contínua (Fanta ,1996; Willett e Finkenstadt, 2003).

Carr et. al.,(1992) enxertaram Am em amido utilizando a técnica de extrusão reactiva, obtiveram-se SWR e %G de 300 g/g e 16%, respetivamente, quando se utilizou Am/St (relação de peso). Além disso, Victoria e Julious (2005) utilizaram a extrusão reactiva para produzir acrilamida de enxerto de amido utilizando APS como iniciador, tendo sido obtidas %GY e %GE de 90% e 75%, respetivamente, utilizando Am/St (relação de peso) de 1:0,8. Além disso, Willett e Finkenstadt (2006) prepararam copolímeros de enxerto de Am e vários tipos de amido (milho, milho ceroso, trigo e batata) utilizando extrusão reactiva na presença de persulfato de amónio como iniciador. Os valores máximos de %GY, %GE e SWR de 70%, 89% e 200 g/g, respetivamente, foram obtidos quando se utilizou Am/St (w/w) de 1:2 de amido de batata.

3.4.2.2 Enxerto por técnica de irradiação

As técnicas de irradiação são um dos métodos mais conhecidos para modificar as propriedades dos materiais poliméricos através do processo de enxerto (Kato et al., 2003). A técnica de irradiação, também conhecida como fotopolimerização, consiste em criar locais de iniciação numa área definida, o que tem sido realizado em muitos tipos diferentes de polímeros. A polimerização foto-iniciada pode ser realizada sob uma vasta gama de condições, permitindo variações nas estruturas dos monómeros. A penetração efectiva no polímero pode ser alcançada de acordo com o número e o tipo de grupos funcionais reactivos, a temperatura, a intensidade da radiação e o tipo e concentração do foto-iniciador (Farquet et al., 2008). O procedimento de controlo simples, os reticuladores, a ausência de resíduos e os custos operacionais relativamente baixos fazem da técnica de irradiação uma escolha adequada para a síntese de hidrogéis (Xu et al.,1993; Kawai et al.,2000; Hsiech et al.,2002; Rong et al.,2003).

A radiação de alta energia cria diretamente radicais livres que formam ligações intramoleculares, como se mostra na **Figura (2.12)** (Andrzejewska ,2001; Kaur e Srivastava ,2002).

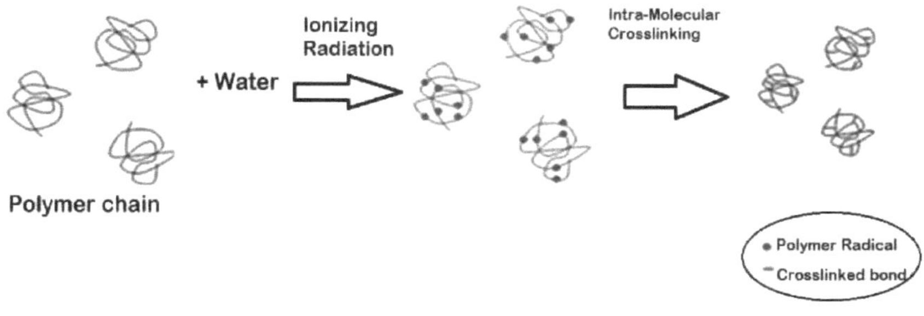

Figura (3.8) Formação de ligações cruzadas intra-moleculares durante a preparação de hidrogéis utilizando a técnica de irradiação

Existem diferentes tipos de fontes de irradiação, como mostra a **figura (3.9)**.

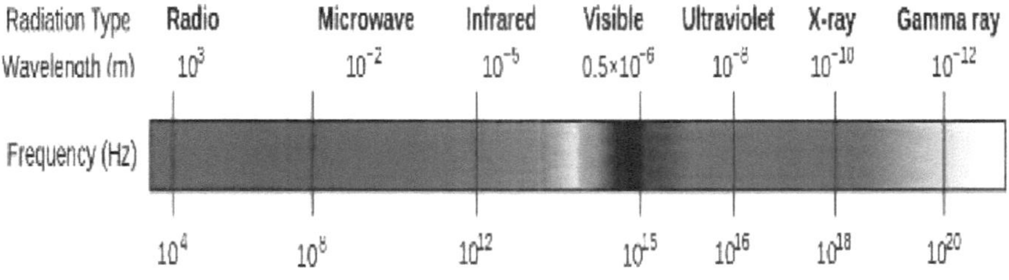

Figura (3.9) Diferentes tipos de fontes de irradiação

Na secção seguinte, serão ilustradas as três principais técnicas de irradiação.

I. Técnica de irradiação por micro-ondas

A técnica de irradiação por micro-ondas (MW) tem sido utilizada para aquecer ondas electromagnéticas chamadas micro-ondas com um comprimento de onda curto entre 10-4 e 10-2 m.

A energia de micro-ondas é uma fonte de energia não ionizante, uma vez que cria calor no interior dos materiais a serem processados como resultado das rápidas alternâncias de alta frequência do campo eletromagnético. Quando o polímero é colocado no forno de micro-ondas, os vários ingredientes comportam-se de forma diferente. A água é o principal ingrediente que permite que o polímero seja aquecido;

quanto maior for o teor de água, mais rápida será a taxa de aquecimento, uma vez que a água se comporta como um íman. A água tem duas extremidades com cargas opostas devido à presença de dois átomos de hidrogénio com carga positiva e um átomo de oxigénio com carga negativa. (Ehlers e Metaxas, 2003).

Uma das principais vantagens da utilização de MW é o facto de resultar no aquecimento instantâneo de materiais de uma forma homogénea e selectiva. (Singh, 2006b). Além disso, requer um tempo de reação muito curto com um rendimento melhorado do produto (Yi et al., 2004) e a reação pode prosseguir sem iniciadores (Galema, 1997; Singh et al., 2003; Huacai et al., 2006; Singh et al., 2006a) ou na presença de uma concentração muito baixa de iniciador (Cheng et al., 2003; Zhenxia et al., 2008).

Singh et al., (2004) utilizaram MW na polimerização de enxerto de goma guar (GG) com Am na ausência de qualquer iniciador radicalar. %G e %GE de 190% e 67%, respetivamente, foram obtidos usando 80% de potência MW e 0,22 minutos de período de exposição. Enquanto que, utilizando a técnica convencional na presença de KPS e 80 minutos de tempo de reação, as %G e %GE obtidas foram reduzidas para 140% e 49,12%, respetivamente.

Nuchter et al., (2004) utilizaram a irradiação MW para o enxerto de AA em quitosano usando CAN como iniciador. Foram obtidos %G, %GE e SWR de 85%, 87% e 704 g/g, respetivamente, utilizando 0,9 g de quitosano, 0,025 ml/l de CAN e uma potência de MW de 260 W.

Singh al. (2005) utilizou a irradiação MW para induzir o enxerto de NA no quitosano, tendo sido obtida uma %G de 170% em 1,5 minutos na ausência de qualquer iniciador radicalar. Nas mesmas condições de enxerto, foi obtida uma %G máxima de 105% quando o sistema redox KPS/ácido ascórbico foi utilizado como iniciador radicalar num banho de água termostático a 35° C.

Singh et al., (2006a) utilizaram a técnica de irradiação MW com concentrações muito baixas de KPS como iniciador para enxertar Am no amido. A %G e a %GE foram de 160% e 89%, respetivamente, utilizando: [KPS] 2,5 $*10^{-3}$ mol/l , [Am] 0,12 M, amido (0,1 g/ 25 ml), potência de micro-ondas de 720 W e tempo de exposição de 60 segundos.

Singh et al.,(2006b) utilizaram MW para sintetizar quitosano-graft-poliacrilamida

(Ch- g-Am) sem utilizar qualquer iniciador radical ou catalisador. Sob condições óptimas de enxerto de: 0,1 gm quitosana , 0,16 mol/l Am, 80% da potência MW em 1,16 minutos, observou-se %G de 169%. Utilizando a técnica convencional em condições semelhantes, foi possível obter uma %G de 82% em 60 minutos utilizando KPS a 35° C.

Singh et al., (2006c) compararam a MW com a técnica convencional na enxertia de MMA em quitosano. A %G obtida foi de 160% utilizando 80% da potência MW em 2 minutos a 0,17 mol/l [MMA], 0,1 g/25 ml [quitosano]. Enquanto que a %G foi de 105% utilizando a técnica convencional na presença do iniciador redox KPS/ácido ascórbico a 35° C durante 60 minutos.

Singh et al., (2007) compararam o enxerto de NA no amido utilizando MW e a técnica convencional na presença de APS. Foram obtidas %G e %GE de 225% e 98%, respetivamente, utilizando a irradiação MW: 0,17 mol/l de acrilonitrilo, 0,0014 mol/l de APS, 0,1 g de amido, 1200 W de potência de MW e 70 segundos de tempo de exposição. No entanto, sob as mesmas condições a 98°C (mesmo em atmosfera inerte), o aumento da concentração do iniciador para 0,0024 mol/l resultou em 10% de %G.

Ashok et al., (2009) sintetizaram xantana-g-acrilamida utilizando a técnica de irradiação MW. A %G máxima obtida foi de 190% utilizando 100% de potência MW e 1,6 minutos de tempo de exposição.

II. Técnica de irradiação ultravioleta

A radiação ultravioleta é uma radiação electromagnética com um comprimento de onda superior ao dos raios X, mas inferior ao da luz visível e do MW, na gama de 10 nm a 400 nm. A enxertia por radiação UV consiste na absorção da radiação ultravioleta para produzir uma espécie excitada instável na espinha dorsal do polímero. A formação subsequente de um radical livre por rearranjo, fragmentação ou transferência de energia, seguida de um ataque a um monómero e à estrutura do polissacarídeo, que conduzirá ao enxerto. Uma das vantagens da utilização de irradiações UV é a possibilidade de alterar as caraterísticas da superfície sem causar alterações graves nas propriedades do polímero (Bhattacharya e Misra, 2004; Curti et al., 2005; Young et al., 2006). O processo de enxerto por UV baseia-se num mecanismo em que os radicais induzidos por irradiação UV podem abstrair o hidrogénio dos polímeros, formando assim radicais poliméricos (Kaczmarek e Chaberska, 2006; Yu et al., 2007; Kyung et al., 2009).

A falta de estudos tem sido sobre o enxerto usando o ensino UV A copolimerização de enxerto iniciada por UV de MMA em quitosana foi relatada %G de 300% foi obtida (Jenkins e Hudson, 2001).

Lee et al.,(2005) e Mubarak et al.,(2006) utilizaram UV na presença de benzofenona como fotoiniciador para o enxerto de AA e álcool polivinílico em amido, tendo sido obtidas %G de 120% e 98%, respetivamente.

Hedin et al.,(2010) enxertaram amido com metacrilato de glicidilo (GMA) utilizando a técnica de irradiação UV na presença de KPS, tendo sido obtido um SWR de 280 g/g.

II. Técnica de irradiação gama

A irradiação gama é uma forma de energia pura que se caracteriza pelas suas baixas taxas de dose e penetração profunda. A irradiação gama mata eficazmente os microrganismos em todo o produto e na sua embalagem com muito pouco efeito de temperatura. Este tipo de irradiação tem sido utilizado na indução de reacções químicas.

Foi investigada a enxertia de poliestireno em quitosano utilizando irradiação gama à temperatura ambiente (Shigeno et al., 1982; Pengfei et al., 2001). Foi estudado o efeito de várias condições, como a dose adsorvida, o solvente e o oxigénio no enxerto. Verificou-se que o rendimento do enxerto aumentava com o aumento da dose adsorvida (Singh e Roy, 1997). Além disso, o enxerto de quitosano com monómeros de vinilo foi explorado utilizando raios gama (Yu et al., 2007).

Suda et al., (2000) efectuaram a enxertia de AA no amido utilizando radiação gama sem utilizar qualquer iniciador. Os valores de %G , %GY , %GE , %add-on e SWR foram de 156,6%, 95,8%, 87,2 , 81,3% e 469 g/g, respetivamente, utilizando as condições óptimas de enxerto de 10 g St, 20 g AA, 200 ml DW durante 30 minutos. Enquanto que, utilizando uma mistura de dois monómeros (AA:Am com uma relação de peso de 1:1), foram atingidos os valores máximos de %G, %GY, %GE e %add-on de 134,5%, 96,3%, 74,9%, 57,3% e 1142 g/g.

Sang et al. (2004) enxertaram N-isopropilacrilamida (NIPAm) em alginato utilizando irradiação gama com doses variáveis em água desionizada e metanol. Foram obtidos %G e SWR de 18% e 2 g/g, respetivamente. Jayashree et al., (2007) também utilizaram a técnica de irradiação gama para enxertar Am em GG, tendo sido obtida uma %G de 20%.

3.4.3 Iniciadores

Os iniciadores são substâncias químicas de radicais livres que, sob certas condições, iniciam reacções químicas através da produção de radicais livres. Os iniciadores contêm uma ou mais ligações lábeis que, se for fornecida energia suficiente à molécula, clivam homileticamente quando. Os radicais (positivos ou negativos) são espécies químicas reactivas que possuem um eletrão livre (não emparelhado). (John Wiley, 2003). Os iniciadores são utilizados para a modificação química de polissacarídeos através do enxerto de diferentes monómeros (El- Sayed A. et al., 2015) e fotoiniciadores (Kytai et al.,2002).

Na polimerização por enxerto de radical livre, a escolha do iniciador depende principalmente de dois factores: a sua solubilidade e a temperatura de decomposição. Se a polimerização for realizada num solvente orgânico, então o iniciador deve ser solúvel nesse solvente e a temperatura de decomposição do iniciador deve ser igual ou inferior ao ponto de ebulição do solvente. Os iniciadores dividem-se em iniciadores térmicos e foto-iniciadores.

3.4.3.1 Iniciadores térmicos

Este tipo de iniciadores deve ser estável à temperatura ambiente, mas deve decompor-se suficientemente rápido à temperatura de processamento do enxerto para garantir uma taxa de reação prática. Para além da temperatura, a taxa de decomposição do iniciador dependerá do solvente/monómero utilizado.

Existem muitos tipos de iniciadores térmicos; alguns deles serão discutidos a seguir:

I. Azo-iniciadores

Os iniciadores azóicos são compostos com a estrutura geral R-N=N-R', em que R e R' podem ser aril ou alquilo. A principal força motriz para a dissociação é a formação da molécula de azoto estável (Wiley ,2002). Os exemplos mais comuns de azo-iniciadores são o 2,2'-azobisisobutironitrilo e o 1,1'-azobis(1-ciclohexanenitrilo), como se mostra na **Figura (3.10)**.

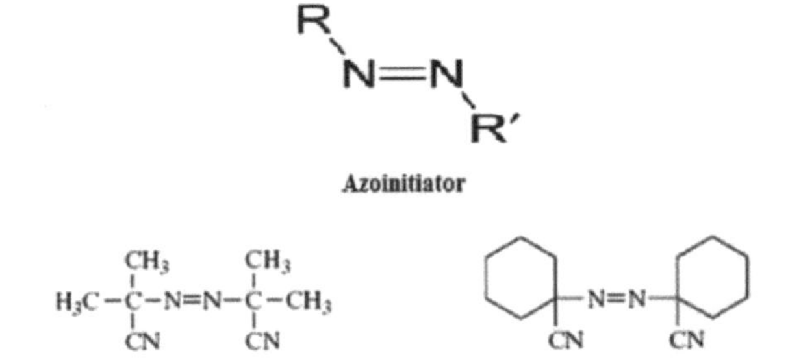

Azoinitiator

2,2'-azobisisobutyronitrile (AIBN) 1,1'-azobis(1-cyclohexanenitrile)

Figura (3.10) Azo-iniciadores

II.Iniciadores de peróxidos

Os iniciadores de peróxidos são compostos que possuem uma ou mais ligações oxigénio-oxigénio. Têm a estrutura geral ROOR' ou ROOH (peróxidos de acilo, peroxicarbonatos de dialquilo, peróxidos de alquilo, hidroperóxidos, peresters e peróxidos inorgânicos como o KPS e o APS). Os iniciadores de peróxidos decompõem-se termicamente pela clivagem inicial da ligação oxigénio-oxigénio, produzindo dois radicais, como mostra a seguinte equação (Walling, 1996):

$$ROOR' \longrightarrow RO^{\bullet} + {}^{\bullet}OR'$$

Os iniciadores de peróxidos formam sítios activos nas cadeias de polissacáridos através da eliminação de átomos de hidrogénio móveis de grupos amino ou hidroxilo (Mochalova et al., 2006).Athawale e Rathi, (1997) estudaram o enxerto de Am no amido utilizando três iniciadores diferentes: KPS, peróxido de benzoílo (Bz_2O_2) e permanganato de potássio ($KMnO_4$). As taxas de enxerto mostraram a ordem da eficiência dos iniciadores como KPS > Bz_2O_2 > $KMnO_4$. Hebeish et al.(1988) investigaram a polimerização por enxerto de Am em amido utilizando os mesmos três iniciadores, obtendo %G de 32%, 22% e 16%, respetivamente.

Shaojie et al., (2003) prepararam St-g-Am usando KPS dando %G de 150% usando 5,65 mol/l de [Am] e 2 horas de tempo de reação a 50 °C. Além disso, Nakason et al., (2010) obtiveram um SWR de 605 g/g utilizando Am:St (w/w)= 1 e 1,5 gm de KPS a 80° C de temperatura de reação. Além disso, Yazdani e Retuert, (2000) usaram KPS para enxertar AA em quitosana, a %G obtida foi de 524%.

Taghizadeh e Mafakhery (2001) utilizaram o KPS na enxertia de NA no amido. Verificou-se que foi obtida uma % de 14% de GY utilizando AN=1,88 M, DW 25 ml, amido/água igual 1:15, KPS=0,009 M e por 20 minutos de tempo de enxerto.

Yazdani et al. (2002) utilizaram KPS para enxertar Am em quitosano, obtendo uma %G e uma %GE de 220% e 88%, respetivamente, utilizando as condições óptimas de enxertia de: 0,8 gm quitosana, 2,4 gm Am , 0,02 mol/l KPS.

Prashanth e Tharanathan (2003) utilizaram KPS na enxertia de AN ou MMA em quitosano, tendo sido obtidos valores de %G de 249% e 276% para Ch-g- AN e Ch-g-MMA, respetivamente, utilizando as seguintes condições: 1 gm de quitosano , 0,0012 mol/l de AN ou MMA e 0,00074 mol/l de KPS a 65° C durante 2 horas.

Mahdavinia et al., (2004) efectuaram o enxerto da mistura de AA e Am no quitosano utilizando APS. O SWR das amostras enxertadas e hidrolisadas foi de 90 e 225 g/g, respetivamente, utilizando as condições óptimas de: 0,5 gm de quitosana, 0,1 APS, 2 gm de monómero (AA/Am (razão de peso) =4:1).

Mochalova et al., (2006) enxertaram Am em quitosano na presença de APS. Lanthong et al., (2006) sintetizaram um hidrogel por copolimerização de enxerto de Am e mistura de ácido itacónico (IA) em amido utilizando 2% de APS. Os valores de %GE, %Add-on e %G foram 75,4%, 47% e 90%, respetivamente.

III- Iniciadores redox

A polimerização redox é um tipo de polimerização iniciada por uma reação entre um agente oxidante e um agente redutor e, nesse caso, o sistema iniciador utilizado é designado por iniciador redox (processo de redução-oxidação).

Neste tipo de polimerização, um oxidante (ião cérico ou magnésio) reage com moléculas orgânicas formando um complexo que se decompõe para produzir radicais livres que, por sua vez, iniciam o processo de polimerização. Os oxidantes mais utilizados (peróxidos, permanganato e peroxidifosfato) na presença de sais de metais de transição. Estes oxidantes formam sistemas redox eficazes com vários agentes redutores como aldeídos, álcoois, aminas e tióis para a polimerização aquosa de monómeros de vinilo (Temel e Ismail, 2007).

O enxerto de polissacáridos com monómeros vinílicos foi explorado utilizando sistemas redox tradicionais, incluindo Ce(IV) (Shantha et al.,1995; Park et al.,1995;

Kang et al.,1999), KPS (Kataoka e Ando ,1980; Retuert e Yazdani ,1993; Yazdani e Retuert ,1997), Fe^{2+}-H_2O_2 (Shenghua L. et al., 2011).

Pengju et al.,(2009) enxertaram acrilonitrilo em quitosano utilizando um sistema iniciador redox de APS e tiossulfato de sódio. A %G e a %GE obtidas foram de 130% e 43%, respetivamente, e as condições óptimas de enxerto foram as seguintes: [AN] = 0,9 mol/l, [Ch]=13,3 g/l, [APS] 0,006 mol/l e período de reação de 2 horas.

Os sais céricos são utilizados na polimerização por enxerto de monómeros vinílicos em diferentes polissacáridos. Forma um par redox com as unidades de anidroglucose do polissacárido para produzir os macroradicais em condições ligeiramente ácidas (Athawale e Rathi, 1999; Pourjavadi et al., 2001 e 2003b).

Apopei D. et al., (2012) enxertaram AN em amido utilizando Ce(SO4)2 e CAN. A conversão do monómero e a percentagem de enxerto na reação iniciada com Ce(SO4)2 foi três vezes superior à da reação iniciada com CAN. Através da hidrólise da PAN enxertada em PS, foi obtido um polianião solúvel em água, tendo o teor de azoto diminuído com o tempo de hidrólise de 4,37% para 2,45%.

Jingjia (1996) utilizou o CAN para preparar um polímero superabsorvente através da polimerização por enxerto de Am no amido, tendo sido obtido um SWR de 5000 g/g utilizando uma concentração de CAN de 0,001 mol/l. Além disso, Athawale e Vidyagauri (1998b) estudaram o enxerto de Am no amido utilizando nitrato de amónio cérico (CAN). A %GE e a SWR alcançadas para o hidrogel hidrolisado foram de 26% e 170 g/g, respetivamente, utilizando as condições óptimas de: [CAN] = 0,004 mol/l [Am] = 0,141 mol/l em 100 ml de água destilada com 2 g de amido por 180 minutos de tempo de enxerto. Jasim et al., (2010) obtiveram SWR de 15 g/g para St-g-Am usando CAN sem hidrólise sob as condições óptimas de : [Am] = 0,099 mol/l, 8,1 gm St e 100 ml de solvente (Água-DMF (1:1 por volume)), 0,005 mol/l de CAN para 180 minutos de tempo de reação.

Athawale et al., (1998a) utilizaram o CAN para iniciar o enxerto de AA no amido, utilizando 0,004 mol/l de CAN, obtendo uma %GE e uma % de adição de 18% e 15%, respetivamente. Por outro lado, Athawale e Vidyagauri (2000) estudaram o enxerto de metacrilonitrilo (MAN) no amido utilizando CAN. A %G aumentou de 0 para 38,5% com o aumento da concentração de CAN de 0,0005 para 0,002 mol/l, e o aumento da concentração de iniciador até 0,008 mol/l levou à diminuição da percentagem de enxerto para 15,2%.

Os sistemas de polimerização redox de permanganato também foram utilizados como iniciador redox. Mehrotra e Ranby (1978) relataram a copolimerização de enxerto de AN em amido com Mn3+ e descobriram que a temperatura de pré-tratamento não tinha efeito na conversão e adição do monómero.

Hebeish et al., (1979) prepararam um hidrogel através do enxerto de AN no amido utilizando permanganato de potássio, a %N obtida foi de 2,78% utilizando 5 g de amido, 0,6 mol/l AN, 0,025 mol/l $KMnO_4$, 60 minutos de enxerto e 50° C de temperatura de enxerto. Além disso, Jianping et al.,(1998a) utilizaram permanganato de potássio para preparar hidrogel de St-g-AN, a %G e a %GE máximas atingidas foram 180% e 90%, respetivamente, utilizando: [$KMnO_4$] = 0,001 mol/l, amido=3 gm, [AN]=0,7595 mol/l. Além disso, Hebeish et al.,(1996) utilizaram uma mistura de permangente de potássio/ácido cítrico para a preparação de hidrogel de poliacrilamida-amido, a %GY é de 94% utilizando $KMnO_4$ = 0,02 gm, 0,01 ácido cítrico e Am = 3 gm a 40°C durante 60 minutos utilizando um rácio de material para licor 1:25.

Jianping et al., (1998) enxertaram diferentes monómeros vinílicos (acrilonitrilo, metacrilato de metilo, ácido acrílico e acrilamida) no amido utilizando $KMnO_4$, a %G obtida foi de 260%, 170%, 50% e 35% para AA, Am, AN e MMA, respetivamente.

Liming et al., (2003) estudaram o mecanismo de enxerto de AN em diferentes tipos de amido pré-tratado sob a ação do permanganato de potássio, tendo sido obtida uma %G de 61% para o amido de aldeído.

Os sistemas de polimerização redox de iões de ferro são outro exemplo de iniciador redox. O sistema de polimerização redox (Fe+2 /H2O2) é conhecido como reagente de Fenton, é um par eficaz para enxertar monómeros de vinilo em macromoléculas.

O reagente envolve uma reação redox entre o ião ferroso e o peróxido de hidrogénio, fornecendo radicais hidroxilo. Acredita-se que estes radicais são responsáveis pela criação de macrorradicais na espinha dorsal do polissacarídeo, que iniciam o crescimento de cadeias enxertadas com vários monómeros (Lagos e Reyes, 1988).

Samir et al.,(1994) estudaram o enxerto de AN em alginato de sódio (alg) utilizando o reagente de Fenton (Fe^{2+}-H_2O_2). Trimnell et al ,(1996) compararam a capacidade dos sistemas iniciadores Fe^{2+}-H_2O_2 e CAN para a polimerização por enxerto de acrilato de metilo em amido.

Talaat et al., (2008a) prepararam hidrogéis de amido para enxerto de poliacrilonitrilo utilizando o sistema redox (H_2O_2/Fe^{2+}) como iniciador, tendo sido obtido um SWR de 56 g/g utilizando um rácio licor/sólido de 10 e um rácio AN/amido de cerca de 1,4.

3.3.2 Foto-iniciadores

Um foto-iniciador é um composto sensível à luz que cria radicais livres que absorvem a energia da luz e a convertem em energia química (Scranton, 1997).

A principal vantagem da utilização do foto-iniciador é a possibilidade de definir os pontos exactos de início e fim do processo de polimerização através da duração do período de irradiação. Além disso, a taxa de decomposição (da maioria) do foto-iniciador é quase independente da temperatura da reação, mas depende fortemente da intensidade da luz (Dietliker, 1991; Mishra e Yagci, 1998).

Com base no mecanismo de iniciação da formação de radicais, os fotoiniciadores podem geralmente ser divididos em duas categorias: foto-polimerização radicalar por fotoclavagem ou por hidrogénio, como se segue (Decker,1987; Bryant et al., 2000; Lee et al., 2005; Cho et al. , 2006).

A. Fotopolimerização radical por foto-cleavagem

Os foto-iniciadores sofrem clivagem nas ligações C-C, C-O, C-Cl ou C-S quando expostos à luz, formando radicais. Estes fotoiniciadores incluem compostos de carbonilo aromáticos, tais como derivados benzóicos de aceto-fenona, derivados e hidroxialquilfenonas.

B. Fotopolimerização radical por hidrogénio

Os fotoiniciadores, como as cetonas aromáticas (ou seja, peróxido de benzoílo, benzofenona e tioxantona), sofrem a abstração de hidrogénio de uma molécula doadora de H para gerar um radical doador e um radical cetilo.

3.4 MECANISMO DE ENXERTIA

O mecanismo de enxerto é concebido para descobrir os principais factores que controlam a magnitude dos polímeros de enxerto quando o monómero é enxertado no polímero utilizando um iniciador (Lutfor et al., 2000). Geralmente, o processo de polimerização por enxerto de radicais livres consiste em três etapas: iniciação, propagação e terminação (como a combinação, a desproporção e a transferência de cadeia para o monómero), como se mostra na **Figura (3.11)** (Zohuriaan-Mehr, 2005).

Vários investigadores estudaram os mecanismos de enxertia de monómeros vinílicos no amido utilizando diferentes iniciações. Taghizadeh e Mafakhery (2001) sugeriram o seguinte mecanismo para o enxerto de radicais livres de monómeros de vinilo no amido.

(1) <u>Initiation:</u>

$$I \xrightarrow{k_d} 2R^\bullet$$

$$S + R^\bullet \xrightarrow{k_i} RS^\bullet$$

$$S^\bullet + M \xrightarrow{k_i} SM^\bullet$$

$$M + R^\bullet + \xrightarrow{k_i} RM^\bullet$$

(2) <u>Propagation:</u>

$$SM_n^\bullet + M \xrightarrow{k_p} SM_{n+1}^\bullet$$

$$M_n^\bullet + M \xrightarrow{k_p} M_{n+1}^\bullet$$

(3) <u>Termination:</u>

$$SM_n^\bullet + SM_n^\bullet \xrightarrow{k_t} graft\ polymer$$

$$SM_n^\bullet + S^\bullet \xrightarrow{k_t} graft\ polymer$$

$$M_n^\bullet + M_n^\bullet \xrightarrow{k_t} \text{homopolymer}$$

Em que, $S^\cdot$, $M^\cdot$, $R^\cdot$ são os radicais livres do polímero, do monómero e do iniciador, respetivamente.

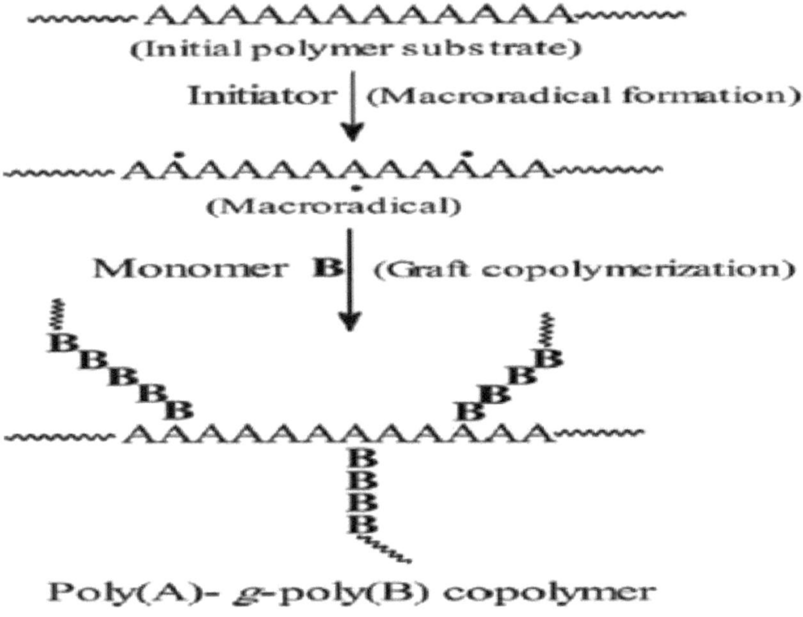

Figura (3.11) Mecanismo de radical livre da polimerização de enxerto do monómero B no polímero A para formar o polímero de enxerto (poli(A)-g-poli(B))

CAPÍTULO 4
CARACTERIZAÇÃO DO HIDROGEL

Os hidrogéis são polímeros tridimensionais inchados pela água, com uma tendência para absorver e manter a água quando colocados numa solução aquosa. Esta capacidade de inchar, em condições serenas, torna-o um material ideal para utilização em vários domínios. Devido ao seu elevado teor de água, estes hidrogéis assemelham-se mais a tecidos vivos naturais do que a qualquer outro tipo de biomaterial sintético. Estes hidrogéis ligam-se em rede, quer fisicamente (emaranhados, cristalitos), quer quimicamente (ver capítulo 2). Esta estrutura insolúvel de ligações cruzadas permite a imobilização de agentes activos, biomoléculas de forma eficaz e permite a sua libertação de uma forma específica bem definida. Assim, a biocompatibilidade e a estrutura reticulada dos hidrogéis são responsáveis pelas suas variadas aplicações.

4.1 Rácio de água de dilatação (SWR)

Os hidrogéis são normalmente caracterizados pelo seu grau de dilatação, que pode atingir centenas de vezes o seu peso seco em água pura ou em soluções medicamentosas. A quantidade de espaço no interior da rede de hidrogéis é determinante para a capacidade de dilatação de um hidrogel. A alteração das cadeias de hidrogel por hidratação é apresentada esquematicamente na **Figura (4.1)**. Esta excelente propriedade de inchaço dos hidrogéis tem o potencial de manter o nível de água e nutrientes para plantas e culturas cultivadas em aplicações agrícolas (Kabiri et al., 2003).

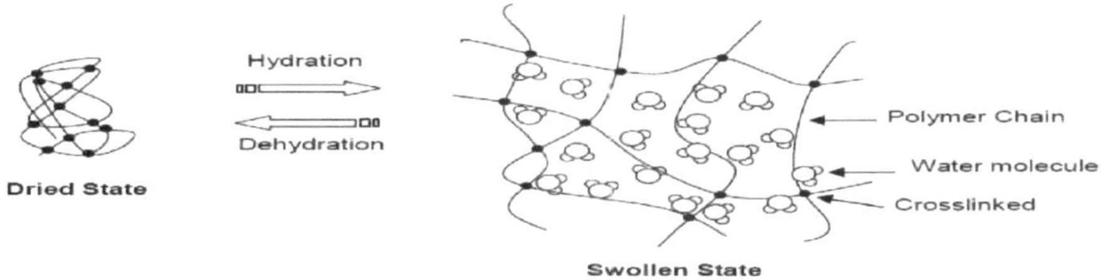

Figura (4.1) Transição de fase de volume do hidrogel por hidratação e desidratação

O comportamento de inchamento pode ser devido a um dos seguintes mecanismos: (1) alterações na natureza hidrofóbica-hidrofílica das cadeias; (2) complexação molecular inter e intra por ligação de hidrogénio, ou (3) repulsão eletrostática. Todos estes mecanismos estão intimamente relacionados com os fenómenos de protonação das moléculas ionizáveis na espinha dorsal do polímero ou nas cadeias laterais. No primeiro caso, a ionização torna a rede polimérica hidrofóbica mais hidrofílica porque a estrutura ionizada possui normalmente mais hidrofilicidade, o que permite absorver mais água. No segundo caso, a ionização resulta no rompimento das ligações de hidrogénio que existem na matriz polimérica no estado de união. No terceiro caso, a ionização proporciona a repulsão eletrostática entre as cargas presentes na cadeia do polímero para manter as cadeias separadas e permitir a absorção de mais água na estrutura solta (Hariharan et al., 1996; Ghandehari et al., 1997; Mourad et al., 2001; Robinson et al., 2002).

De um modo geral, a propriedade de intumescimento dos polímeros reflecte-se no rácio de intumescimento em água (SWR), que é o rácio entre o peso do hidrogel intumescido e o peso do hidrogel seco, como se mostra na **Figura (4.2)**. Os factores que afectam o SWR envolvem principalmente a concentração de solvente, a razão de reticulação, a estrutura química e os estímulos específicos. O rácio de reticulação, que é o rácio de moles de agente de reticulação para os moles de unidades de repetição de polímero, tem um efeito dominante. Quanto mais elevado for o rácio de reticulação, mais agente de reticulação é incorporado na estrutura do hidrogel. Os hidrogéis altamente reticulados têm uma estrutura mais rígida e incham menos se comparados com os mesmos hidrogéis com um rácio de reticulação mais baixo. Em muitos casos, a influência do solvente é pequena. No entanto, é cada vez mais evidente que os efeitos do solvente podem ser utilizados para controlar a polimerização radical livre de hidrogéis, tanto a nível macroscópico como a nível molecular. A concentração de solvente durante a polimerização afecta as propriedades materiais do polímero, aumentando a taxa de ciclização primária dos monómeros multivinílicos durante a polimerização (Elliott et al., 2001). Um ciclo primário difere de uma reticulação na medida em que o radical livre em propagação reage intra-molecularmente com as suas próprias ligações duplas pendentes, perdendo assim a oportunidade de reticulação. Quanto maior for a extensão da ciclização primária, menor será a reticulação do polímero e maior será o tamanho da malha. Isto leva a uma redução da resistência mecânica e a um aumento do inchaço de equilíbrio com o aumento da concentração de solvente durante a polimerização. Os efeitos da concentração de solvente na taxa de ciclização primária e na formação da rede de hidrogel podem ser explicados pela dinâmica local do radical em propagação. Para concentrações de solvente mais baixas, a concentração de ligações duplas em torno do radical livre é relativamente elevada, o que conduz a uma taxa de propagação mais rápida e a uma menor oportunidade para o radical livre fazer ciclos reagindo com as suas próprias ligações duplas pendentes. Para além da concentração do solvente, a qualidade do solvente também afecta a estrutura tridimensional da rede. No entanto, a cadeia em propagação tem maior probabilidade de ciclar num solvente pobre e a taxa de ciclização primária é elevada, conduzindo a uma estrutura de rede frouxa (Elliott et al., 2002). A estrutura química do polímero também pode afetar a taxa de inchamento. Os hidrogéis que contêm grupos hidrofílicos incham mais do que os que contêm grupos hidrofóbicos. Os grupos hidrofóbicos colapsam na presença de água, minimizando assim a sua exposição à molécula de água. Como resultado, os hidrogéis que contêm grupos hidrofóbicos incham muito menos em comparação com os hidrogéis que contêm grupos hidrofílicos.

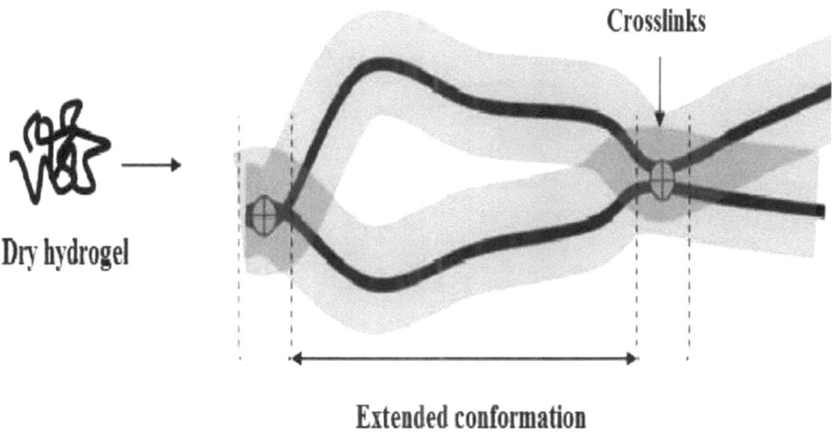

Figura (4.2) Inchaço do hidrogel

4.2 CINÉTICA DE INCHAMENTO

Para um estudo preliminar da cinética de inchamento, pode ser utilizado um "modelo baseado em Voigt" para ajustar os dados de inchamento, conforme indicado na **Equação 4.1** [Pourjavadi et al., 2006 ;

Sadeghi et al.,2011]:

$$S_t = S_e(1 - e^{-t/\tau}) \qquad (4.1)$$

Onde S_t é o inchaço (g/g) no tempo t, S_e é o inchaço de equilíbrio (g/g) (parâmetro de potência) e τ é o parâmetro de taxa. A taxa de inchamento foi medida utilizando o valor de τ (ou seja, quanto menor o valor de τ, maior a taxa de inchamento). Para calcular o parâmetro da taxa (τ), utilizando a fórmula acima, Ln ($1-S_t/S_e$) pode ser traçado em função do tempo (t). O declive da linha reta ($-1/\tau$) fornece o parâmetro da taxa.

A cinética de inchamento para o hidrogel enxertado e hidrolisado foi estudada utilizando o procedimento seguido por Quintana et al., (1999), a fim de descobrir se o inchamento segue uma cinética de primeira ou segunda ordem. No caso da cinética de primeira ordem, a taxa de inchamento em qualquer altura é proporcional ao teor de água antes de se atingir o equilíbrio da água absorvida (S_e). O inchamento pode ser expresso pela **Equação (4.2)**:

$$\frac{dS_t}{dt} = K(S_e - S_t) \qquad (4.2)$$

Onde S é o teor de água do hidrogel no tempo t e K é uma constante.

Integração da equação (4.2) entre os limites t=0 a t e S=0 a S, obtém-se a seguinte expressão **(Equação (4.3))**:

$$Ln\frac{S_t}{S_t - S_e} = Kt \qquad (4.3)$$

Se o processo de inchamento do absorvente seguir uma cinética de primeira ordem, o gráfico da variação de

$$Ln\ (1 - \frac{S_t}{S_e})$$

em função do tempo deve dar uma linha reta. Vários autores investigaram a cinética do inchaço, tendo sido obtida a primeira ordem (Pourjavadi et al., 2006; Sadeghi et al.,2011)

4.3 Estrutura e caraterização da rede

O efeito da estrutura química da rede nas propriedades dos hidrogéis é o aspeto mais importante da química dos hidrogéis. Por exemplo, as utilizações extensivas de hidrogéis em sistemas de administração de medicamentos dependem das suas estruturas em solução tampão. Os parâmetros mais importantes utilizados para caraterizar a estrutura da rede de hidrogéis são o peso molecular da cadeia de polímero entre dois pontos de reticulação vizinhos, a fração de volume do polímero no estado inchado e o comprimento correspondente ou tamanho da malha. Para elucidar a estrutura dos hidrogéis, foram utilizadas a teoria do inchamento em equilíbrio e a teoria da elasticidade da borracha (Peppas et al., 2000).

A fração de volume do polímero no estado inchado é uma medida da quantidade de fluido retido. O grau de reticulação do polímero é a medida do peso molecular entre duas junções consecutivas. Estas junções podem ser emaranhados físicos, ligações cruzadas químicas, regiões cristalinas ou mesmo complexos poliméricos. A distância de correlação entre duas ligações cruzadas adjacentes fornece uma medida do espaço disponível entre as cadeias macromoleculares para a difusão do fármaco. Além disso, só pode ser registada como um valor médio. Estes parâmetros podem ser determinados teoricamente ou através de uma variedade de técnicas experimentais (Flory, 1953).

4.3 Propriedades mecânicas

As propriedades mecânicas do hidrogel dependem da sua estrutura e composição. Devido ao facto de o hidrogel totalmente inchado ter um elevado teor de água, esperavam-se resistências mecânicas fracas. As propriedades mecânicas do hidrogel são afectadas pela composição do co-monómero, densidade de reticulação, condições de polimerização e grau de inchamento. A resistência mecânica do hidrogel é frequentemente derivada das ligações cruzadas no sistema, particularmente no estado inchado, onde não existem quaisquer emaranhados físicos. Muitos investigadores estudaram a dependência das propriedades mecânicas da densidade de ligações cruzadas. O aumento da concentração do reticulante utilizado tornaria as cadeias de polímero mais próximas, reduzindo assim a difusividade, as taxas de libertação e de inchamento, incluindo o grau máximo de inchamento.

O comportamento mecânico dos hidrogéis é melhor compreendido utilizando as teorias da elasticidade e da viscoelasticidade. Estas teorias baseiam-se na recuperação dependente do tempo e independente do tempo da orientação e estrutura da cadeia, respetivamente. A teoria da elasticidade pressupõe que, quando é aplicada uma tensão ao hidrogel, a resposta à deformação é instantânea. No entanto, para muitos biomateriais, incluindo hidrogéis e tecidos, este não é um pressuposto válido. Por exemplo, se um peso for suspenso de uma amostra de ligamento, o ligamento continua a estender-se mesmo que a carga seja constante. Da mesma forma, se o ligamento for alongado até um comprimento fixo, a carga diminui continuamente com o tempo. Isto deve-se à fluência e ao relaxamento da tensão, respetivamente, e são o resultado do fluxo viscoso no material. Apesar deste comportamento semelhante ao de um líquido, os hidrogéis são funcionalmente sólidos, pelo que se assume que são perfeitamente elásticos para o presente estudo.

As propriedades mecânicas também têm um grande efeito em vários parâmetros, que incluem principalmente: grau de inchamento, densidade de ligações cruzadas, composição do monómero e condições do meio. A alteração da composição dos co-monómeros utilizados na preparação de hidrogéis é o parâmetro mais simples para controlar as propriedades mecânicas dos hidrogéis. Para um hidrogel não homopolimérico, o aumento da quantidade relativa de componentes fisicamente mais fortes conduz a um aumento da resistência mecânica dos hidrogéis (Davis et al., 1989). A alteração da densidade de reticulação tem sido utilizada para alcançar a propriedade mecânica desejada do hidrogel. Embora a maior densidade de reticulação resulte num hidrogel mais forte, obteve-se um rácio de inchamento mais baixo. Por conseguinte, existe um grau ótimo de reticulação (Peppas et al., 2000a). As condições de reação também têm efeitos profundos nas propriedades mecânicas dos hidrogéis formados. Estas condições resumem-se ao tempo de reação, à temperatura e à quantidade e tipo de solvente. Se for utilizada uma grande quantidade de solvente na polimerização, pode obter-se uma rede frouxa e uma baixa resistência mecânica.

Outras condições de reação, incluindo a temperatura e o tempo de reação, podem ser alteradas para modificar as propriedades do hidrogel resultante. No caso da fotopolimerização, a intensidade e a dosagem da luz influenciam a estrutura da rede dos hidrogéis e as propriedades mecânicas. O tratamento pós-reação também pode funcionar como uma variável na manipulação da resistência do material (Philippova et al., 1994).

Porosidade: os poros na rede da estrutura do hidrogel foram concebidos para uma cinética de inchaço mais rápida. Neste contexto, é necessário determinar as caraterísticas dos poros, como a sua distribuição, dimensão e forma. A porosidade do material poroso pode ser estudada utilizando diferentes técnicas, tais como a microscopia eletrónica de varrimento [Tang C et al (2005), Abd El-Mohdy et. Al., 2006], a intrusão de líquidos [Partap S et al (2007)], a porositometria de mercúrio [Gemeinhart RA, Park H, Park K (2000)] e a análise de imagens. Na porositometria de mercúrio, a pressão diferencial sobre o mercúrio e o volume de intrusão de mercúrio são medidos. Os dados obtidos são utilizados para calcular o diâmetro, a área de superfície, o volume e a distribuição do volume dos poros. Utilizando técnicas de extrusão líquida, um peso conhecido do hidrogel é colocado na célula de ensaio e é imerso em água até atingir a sua capacidade máxima de dilatação. Utiliza-se ar pressurizado para extrudir toda a água inchada, aumentando gradualmente a pressão do ar. Os dados relativos à pressão diferencial do gás e ao volume do líquido extrudido são utilizados para calcular a área de superfície, o volume e a distribuição do volume dos poros. Microscópio eletrónico de varrimento:

quando um feixe de electrões focalizado (2-10 keV) percorre a superfície, são produzidos e detectados vários tipos de sinais em função da posição na superfície. As amostras de hidrogel foram hidratadas com água desionizada (DI) ou água da torneira e congeladas em azoto líquido durante a noite. As amostras secas foram revestidas com ouro de 40 nm. As amostras foram revestidas a ouro antes da medição (Yang et al., 1983; Hong et al.2000).

Questões analíticas: os métodos mais comuns para determinar os monómeros residuais e outras impurezas que não reagiram são a HPLC e a cromatografia gasosa. Os monómeros, como o ácido acrílico ou a acrilamida, bem como os reticulantes, como a metileno bisacrilamida, podem ser monitorizados utilizando a cromatografia líquida de alta eficiência com eluição gradiente. Como fase móvel é utilizada uma solução aquosa de ácido fosfórico ou acetonitrilo. As partículas de hidrogéis têm de ser extraídas com uma solução eficaz e fiável durante um período de tempo específico. O fluido sobrenadante deixado após a centrifugação é então analisado. Os monómeros líquidos, o iniciador, o etanol (desidratante) e os ácidos podem ser monitorizados utilizando as técnicas de cromatografia gasosa. Embora a seleção do equipamento analítico e das fases móveis sejam considerações importantes, o processo de extração continua a ser o passo analítico mais difícil. A regra geral é "quanto mais rápido for o inchaço, mais impurezas serão extraídas num determinado período de tempo". Por conseguinte, não se deve utilizar o mesmo método analítico para caraterizar um hidrogel poroso e um hidrogel sem poros. A porosidade facilita o processo de extração, tal como acontece com o inchaço. Aparentemente, um método analítico bem sucedido precisa de ser modificado para hidrogéis menos porosos ou sem poros. A modificação pode incluir a seleção de uma extração mais eficiente a uma temperatura mais elevada, soluções de extração ou um período de tempo mais longo.

CAPÍTULO 5
APLICAÇÕES DOS HIDROGÉIS

Os hidrogéis estão a ser utilizados em vários aspectos da nossa vida. Os hidrogéis inteligentes são utilizados em várias aplicações devido às suas caraterísticas de resposta às condições ambientais, como o pH e a temperatura. Como se mostra na Figura (5.1), as aplicações dos hidrogéis podem ser divididas em agentes de dilatação ou plataformas de distribuição controlada. Os hidrogéis com maior capacidade de intumescimento são sobretudo utilizados nos domínios agrícola, farmacêutico e biomédico, onde se verifica a retenção de água e de soluções aquosas. Para a administração controlada de medicamentos, proteínas, fármacos e nutrientes, por exemplo, são geralmente utilizados hidrogéis com menor capacidade de intumescimento. No entanto, para cada aplicação, os hidrogéis são normalmente concebidos e fabricados especificamente para satisfazer essa necessidade específica.

Para melhorar as propriedades dos hidrogéis, muitos investigadores tentaram copolimerizá-los com outros produtos químicos, ionizá-los ou tratá-los com nanopartículas. Estas técnicas tornam possível a sua utilização em aplicações ambientais, médicas, biomateriais, farmacêuticas e agrícolas (Kabiri e Zohuriaan-Mehr, 2004).

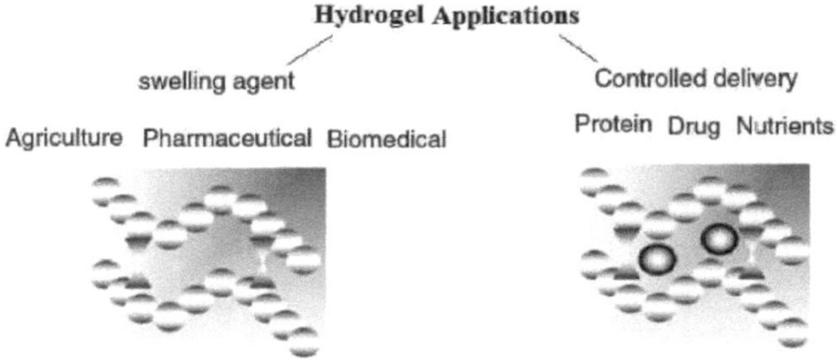

Figura (5.1) Aplicações do hidrogel

5.1 Aplicações agrícolas

No domínio da agricultura, o principal desafio consiste em manter a estabilidade dos hidrogéis em condições ambientais diferentes, duras e de longa duração. A irradiação ultravioleta e os iões podem afetar as propriedades de expansão dos hidrogéis através da quebra das ligações cruzadas ou da complexação. Por exemplo, um hidrogel superabsorvente de água à base de acrílico dissolve-se no meio de expansão em poucos dias quando exposto diretamente à irradiação UV. Uma preocupação agrícola é a qualidade variável da água utilizada na irrigação. Os hidrogéis apresentam um comportamento de inchamento significativamente diferente de um local para outro devido às alterações dos factores ambientais e da qualidade da água.

Os hidrogéis têm sido aplicados no domínio da agricultura desde a década de 1950. Os hidrogéis agrícolas também têm sido utilizados para aplicações de distribuição controlada. Os hidrogéis foram desenvolvidos para melhorar as propriedades físicas do solo, aumentando a eficiência da utilização da água, a capacidade de retenção de água e o desempenho das plantas, reduzindo a frequência de irrigação e a tendência para a compactação.

Existem muitos estudos que ilustram as vantagens e desvantagens da utilização de hidrogéis no domínio agrícola. De um modo geral, os hidrogéis para esta aplicação são biodegradáveis. A utilização de hidrogéis superabsorventes no solo para promover o crescimento das plantas foi analisada por Kazanskii et al., 1992. Foram produzidos microgéis de poli(acrilamida-co-acrilato de sódio) reticulados, bem como poliacrilamida, poli(ácido acrílico), poli(álcool vinílico) e poliacrilato de potássio através de irradiação por feixe de electrões (Abd El-Rehim, 2005). A largura média das folhas, a altura das plantas, o tempo de murcha e o peso seco total aumentaram quando os hidrogéis foram adicionados ao solo (Abd El-Rehim et al., 2004). O crescimento de plantas jovens e a germinação de sementes também foram melhores com hidrogéis à base de amido enxertado com acrilamida e ácido acrílico (Chen P. et al., 2004). Os hidrogéis com melhor resistência aos sais foram sintetizados através da incorporação de humato de potássio em hidrogéis de ácido acrílico/acrilamida. Verificou-se que o inchaço dos hidrogéis era mais elevado em solução salina contendo catiões monovalentes e também independente do tipo de catião (amónio, potássio ou sódio) (Chu M. et al., 2008). O crescimento do milho é promovido quando hidrogéis à base de humato de sódio e ácido acrílico são adicionados ao solo (Chu M. et al., 2008). Além disso, Talaat et al., (2008) desenvolveram um novo fertilizante de hidrogel de libertação lenta que pode fornecer nutrientes essenciais para as plantas, incluindo azoto, fósforo, potássio e zinco, bem como a matriz orgânica que actua como condicionador do solo.

Foi preparada e utilizada uma argila de poli(ácido acrílico)/organo-attapulgite reticulada para libertar fertilizante de ureia de forma controlada. Neste estudo, foi avaliado o efeito das quantidades de reticulante e da concentração de ureia, o grau de neutralização do ácido acrílico, o caulino, a temperatura, o pH e a força iónica das soluções (Liang R. e Liu M. ,2007). Num estudo semelhante que utilizou anidrido maleico e hidrogéis de ácido acrílico, a libertação lenta e as propriedades de retenção de água melhoradas foram obtidas através da reticulação da superfície dos hidrogéis (Lui M. et. al., 2006). Também foram preparados fertilizantes azotados de libertação lenta utilizando poli(ácido acrílico) reticulado e o seu composto de argila (Liu M. et al., 2007).

5.2 Aplicações biomédicas

A secção Polímeros biomédicos analisa a estrutura, o processamento e as propriedades dos polímeros biomédicos. Aborda os vários grupos de biopolímeros, incluindo polímeros naturais, polímeros sintéticos biodegradáveis e não biodegradáveis. Os biopolímeros de origem natural são atractivos para utilização em aplicações biomédicas, em parte devido à sua biocompatibilidade e caraterísticas de degradação. Os hidrogéis em aplicações biomédicas são geralmente não trombogénicos, pelo que podem ser utilizados em contacto com o sangue, por exemplo, em produtos para o tratamento de feridas. Os hidrogéis são desenvolvidos como biomateriais. Todos os anos, milhões de pessoas sofrem de lesões e doenças debilitantes dos ossos ou dos tecidos. Os materiais de substituição de ossos ou tecidos devem ser limpos e isentos de contaminantes, bem como de materiais condutores. O hidrogel pode satisfazer estes requisitos. Os hidrogéis foram conjugados com as lendas de adesão celular de ratos e caracterizados como novos suportes de hidrogel inorgânico-orgânico (Xu e Jabbari, 2008). Os hidrogéis podem ser concebidos para reagir a moléculas específicas, como a glucose, pelo que podem ser utilizados como biossensores ou em aplicações de administração de medicamentos. Para aplicações biomédicas, foram preparados hidrogéis biodegradáveis à base de poliaspartato de elevado peso molecular ligeiramente reticulado, como alternativa aos hidrogéis sintéticos de poli(ácido acrílico) (Chang C. et al., 1999). Os hidrogéis semi-interpenetrados à base de poli(ácido aspártico) e poli(ácido acrílico) são sensíveis aos sais, à temperatura e ao pH; por conseguinte, têm aplicações potenciais em muitas áreas biomédicas (Zhao Y. et al., 2007). Os hidrogéis à base de carboximetilcelulose de sódio e hidroxietilcelulose reticulados com divinilsulfona foram sugeridos como uma alternativa para a terapia diurética em casos de edema (Sannino A. et al., 2003). A quitosana reticulada com sacarose oxidada com periodato está sendo usada como uma plataforma de entrega de agentes bioativos para aplicação em curativos de feridas (Pourjavadi A. et al., 2008).

5.3 Aplicações farmacêuticas

Para aplicações farmacêuticas, os hidrogéis superabsorventes são utilizados para ajudar na desintegração correta das formas de dosagem de comprimidos e cápsulas. Os investigadores estão a estudar os hidrogéis para aplicações farmacêuticas porque têm propriedades benéficas, como a biocompatibilidade, a não toxicidade e a suavidade. No domínio da administração de fármacos, os hidrogéis com uma estrutura de poros interligados, uma dilatação única e propriedades mecânicas especiais são sugeridos como uma plataforma para fármacos com uma janela de absorção estreita (Omidian H. e Park, 2005; Omidian H. e Park, 2007; Omidian H. e Park, 2008). A gelatina reticulada com genipin foi introduzida como um transportador de libertação controlada de compostos bioactivos (Abbasi A. et al., 2008). As taxas de libertação do fármaco diminuem com o aumento do seu peso molecular (Brazel C. e Peppas N. 1999). A cinética de libertação de agentes antimicrobianos, como a lisozima, a nisina e o benzoato de sódio, foi estudada com hidrogéis de poli(álcool vinílico) reticulados (Buonocore G. et al., 2003).

Os estudos sobre a administração de medicamentos podem ser divididos em administração a curto prazo e administração a longo prazo (Dengre et al., 2000; Soppirnath e Aminabhavi, 2002). Os antibióticos e os medicamentos para alívio da dor após uma cirurgia ou transplante de órgãos necessitam de uma penetração rápida do fármaco no organismo. Noutros casos, é necessária uma administração lenta do fármaco para evitar efeitos adversos como a depressão da medula óssea, a cardiotoxicidade, a diarreia, as náuseas e os vómitos. Assim, a dose do fármaco deve ser cuidadosamente controlada, uma vez que a sobredosagem pode causar efeitos secundários fatais. Para controlar a libertação do fármaco, os hidrogéis são copolimerizados com outros grupos químicos ou encapsulados (Singh et al., 2007).

5.4 Tratamento de águas residuais e remoção de metais pesados

Muitas actividades de produção industrial, tais como cosméticos, corantes, papel, plásticos, couro, alimentos, plantações, têxteis e instalações mineiras estão a resultar na poluição da água, tais como agentes corantes da água e metais pesados tóxicos, que são extremamente prejudiciais para as pessoas e para o ambiente, mesmo em baixas concentrações (Mahdavinia e Zhalebaghy 2012). Para reduzir o risco de poluição ambiental provocada por estes resíduos, é necessário tratá-los antes de os descarregar no ambiente (Ardejani et al. 2007).

Os hidrogéis estão a ser investigados para remover os poluentes do nosso ambiente. Por exemplo, são produzidas anualmente centenas de milhões de toneladas de resíduos de suínos. O resultado é o escoamento para os sistemas de águas superficiais e a degradação dos sistemas de águas subterrâneas. Os hidrogéis de PAm foram utilizados para diminuir a nocividade dos resíduos de suínos, a sua concentração de COD (Chemical Oxygen Demand) e a quantidade de fósforo e azoto emitidos (Walker e Tim, 2003). Alguns corantes catiónicos, conhecidos como cancerígenos, são removidos pelos hidrogéis (Dursun et al., 2001). Para ambas as aplicações, os hidrogéis foram copolimerizados com grupos aniónicos e catiónicos para atrair as moléculas contaminantes.

Referências

Abbasi A, Eslamian M, Rousseau D (2008) Modeling of caffeine release from crosslinked water-swellable gelatin and gelatin-maltodextrin hydrogels. Drug Deliv 15(7):455-463

Abd El-Rehim HA (2005) Inchaço de microgéis à base de acrilamida reticulados por radiação e suas potenciais aplicações. Radiat Phys Chem 74(2): 111-117

Abd El-Rehim HA, Hegazy ESA, Abd El-Mchdy HL (2004) Síntese por radiação de hidrogéis para melhorar a retenção de água em solos arenosos e aumentar o desempenho das plantas. J Appl Polymer Sci 93(3):1360-1371

Abd-Alla M., Mohamed Y. e Hesham M. (2007), "Grafted Cellulose for Metals Adsorption", Bio-Resources 3, 46-59.

Aizo Yamauchi(1991)," Polymer Gels: Crosslink Formations", capítulo 1:secção 2,16-24.

Alessandro S., Christian D. e Marta M. (2009), "Biodegradable Cellulose-Based Hydrogels: Design and Applications", Materials 2, 353-373.

Alves N. e Mano J. (2008), "Chitosan Derivatives Obtained by Chemical Modifications for Biomedical and Environmental Applications", International Journal of Biological Macromolecules 43, 401-414 .

Andrade J.(1979) ," Hydrogels for Medical and Related Applications", ACS Symposia, American Chemical Society 31,1-7.

Andrzejewsk E.(2001), "Photo-polymerization kinetics of Multifunctional Monomers", Progress Polymer Science 26 ,605-665.

Apopei D. , Dinu M. , Dragan E.(2012), "graft copolymerization of acrylonitrile onto potatoes starch by ceric ion", 7(2), 707 - 716

Ashok K., Singh K. e Munish A.(2009)," Xanthan-g-Poly (acrylamide): Microwave-Assisted Synthesis, Characterization and in Vitro Release Behavior", Carbohydrate Polymers 76 ,261-267.

Athawale V. e Rathi S.(1999)," Polymer Reviews Publication Details, Including Instructions for Authors and Subscription Information: Graft Polymerization: Starch as a Model Substrate", Polymer Reviews 39(3) , 445-480.

Athawale V. e Vidyagauri L.(2001) ," Recent Trends in Hydrogels Based on Starch graft-Acrylic Acid: A Review", Starch 53 , 7-13.

Athawale V. e Vidyagauri L.(2000), "Syntheses and Characterization of Graft Copolymers of Maize Starch and Methacrylonitrile", Carbohydrate Polymers 41 , 407-416.

Athawale V. e Vidyagauri L. (1998a)," Graft Copolymerization onto Starch. II. Grafting of Acrylic Acid and Preparation of its Hydrogels", Carbohydrate Polymers 35,21-27.

Athawale V. e Rathi S. (1997)," Effect of Chain Length of The Alkyl group of Alkyl Methacrylates on Graft Polymerization onto Starch using Ceric Ammonium Nitrate as Initiator", European polymer journal 33 , 1067-1071.

Athawale V. e Vidyagauri L. (1998b)," Graft Copolymerization onto Starch: Grafting of Acrylamide using Ceric Ion Initiation and Preparation of its Hydrogels", Starch 50, 426-431.

Bao, J. S., Ao, Z. H., Jane, J. I. (2005), Caracterização das propriedades físicas da farinha e do amido obtidos a partir de arroz branco irradiado com raios gama. Starch-Starke, 57, 480487.
Bashar Al-Ta'ani (2003), "Graft Copolymerization onto Chitosan-I. Grafting of Ethylmethacrylate using Ceric Ammonium Nitrate as Initiator", Ata Chim Slovensky (2003), "Graft Copolymerization on Chitosan-I. Enxerto de etilmetacrilato utilizando nitrato de amónio cérico como iniciador", Ata Chim Slov. 50, 275-285.
Bausch A., Ziemann F, Boulbitch A., Jacobson K. e Sackmann E. (1998) "Local Measurements of Visco-elastic Parameters of Adherent Cell Surfaces by Magnetic Bead Microrheometry", Biophysical Journal 75(4) ,2038-2049.
Bhardwaj T. , Kanwar M., Lal R. e Gupta A.(2000)," Natural Gums and Modified Natural Gums as Sustained-Release Carriers", Drug Development and Industrial Pharmacy 26, 1025-1038.
Bhattacharya A. e Misra B.(2004) ," Grafting: a Versatile Means to Modify Polymers Techniques, Factors and Applications", Progress Polymer Science 29 , 767-814.
Brazel CS, Peppas NA (1999) Mechanisms of solute and drug transport in relaxing, swellable, hydrophilic glassy polymers. Polymer 40(12):3383-3398.
Bryant S., Nuttelman C. e Anseth K. (2000), "Cytocompatibility of UV and Visible Light Photoinitiating Systems on Cultured NIH/3T3 Fibroblasts in Vitro", Journal of Biomaterial Science Polymer Ed 11, 439-57.
Buonocore GG et al (2003) A general approach to describe the antimicrobial agent release from highly swellable films intended for food packaging applications. J Control Release 90(1):97-107
Carr M., Kim S., Yoon K. e Stanley K. (1992), "Preparation of Cationic Starch Using Reactive Extruder", Cer Chemistry 69, 7075-7083.
Chang CJ, Swift G (1999) Hidrogel de poli(ácido aspártico). J Macromol Sci - Pure Appl Chem A36(7-8):963-970
Chen P et al (2004) Síntese de polímeros superabsorventes por irradiação e suas aplicações na agricultura. J Appl Polym Sci 93(4):1748-1755.
Chena L., Yushan N., Xinchao B., Xueyu Q., Xiuli Z., Xuesi C. e Xiabin J. (2005), "A Novel Approach to Grafting Polymerization of 3-Caprolactone onto Starch Granules", Carbohydrate Polymers 60, 103-109.
Cheng Z. , Zhu X. , Chen M., Chen J. e Zhang L.(2003), "Atom Transfer Radical Polymerization of Methacrylate Methacrylate with Low Concentration of Initiating System Under Microwave Irradiation", Polymer 44, 2243-2247.
Cho J., Kim S. e Hong J. (2006), "Surface Modification of Polypropylene Sheets by UV-Radiation Grafting Polymerization", Journal of Applied Polymer Science 99, 1446-1461.
Chu M., Zhu S., Li H., Huang Z., Li S. (2006) Síntese de compósito superabsorvente de poli(ácido acrílico)/humato de sódio para utilização agrícola. J Appl Polym Sci 102(6):5137-5143
Chu M. (2008), Influence of potassium humate on the swelling properties of a poly(acrylic acid-co-acrylamide)/potassium humate superabsorbent composite. J Appl Polym Sci 107(6):3727-3733
Curti P., Moura M., Veiga W., Radovanovic E., Rubira A. , Muniz E.(2005), "Characterization of PNIPAAm Photo-grafted on PET and PS Surfaces", Applied Surface Science 245, 223-233.

Dang J. e Leong K.(2006), "Natural polymers for gene delivery and tissue engineering", Advanced Drug Delivery 58, 487-499.
Daubresse C., Grandfils C.(1994), Jerome R. e Teyssie P., "Enzyme Immobilization in Nanoparticles Produced by Inverse Micro-emulsion Polymerization", Journal of Colloid and Interface Science 168(1), 222-229.
Davis K. e Anseth K.(2002), "Controlled Release from Crosslinked Degradable Networks", Critical Reviews in Therapeutic Drug Carrier Systems 19,385-423.
Decker C.(1987), "UV-curing chemistry: past, present, and future", Journal of Coat Technology 59, 97-106.
Dietliker K., "Chemistry & Technology of UV & EB Formulation for Coatings and Paints", SITA Technology Ltd., Londres 1991, Volume III.
Durcilene A., Regina C. e Judith P. (2007), "Graft Co-polymerization of Acrylamide onto Cashew Gum", European Polymer Journal 43, 2620-2629 .
Ehlers R. e Metaxas A. (2003), "3D FE Discontinuous Sheet for Microwave Heating", IEEE Transactions of Microwave Heating and Techniques", 51, 718-726.
Elliott J. e Bowman C. (2002), "Effects of Solvent Quality During Polymerization on Network Structure of Cross-Linked Methacrylate Copolymers", Journal Physical Chemistry B 106(11),2843-2847.
Elliott J., Anseth, J. e Bowman C. (2001), "Kinetic Modeling of the Effect of Solvent Concentration on Primary Cyclization During Polymerization of Multifunctional Monomers", Chemical Engineering Science 56,3173-3184.
Enas A. (2015), Hydrogel: Preparation, characterization, and applications: A review", Journal of Advanced Research, 6(2), 105-12.
Eunice F., Vieira R., Cestari C. e Watson L.(2008), "Polysaccharide-Based Hydrogels: Preparação, Caracterização e Comportamento de Interação com Fármacos", Biomacromolecules 9, 1195-1199.
Fanta G.(1996) , "Polymeric Materials Encyclopedia" 10,7901-7911.
Farquet P., Padeste C., Harun H. , Selmiye A., Scherer G. e Wokaun A.(2008), " Extreme UV Radiation Grafting of Glycidyl Methacrylate Nanostructures onto Fluoropolymer Foils by RAFT-Mediated Polymerization", Macromolecules 41, 6309-6316.
Flory P. (1953), "Principle of Polymer Chemistry; Cornell University Press: Ithaca, NY, 1953.
Francisco M. Goycoolea María E. Fernandez V., Inmaculada A. e Angeles H. (2011)," pH- and Temperature-Sensitive Chitosan Hydrogels: Swelling and MRI Studies", Macromolecular Chemistry and Physics 212(9), 887-895.
Fredriksson H., Silverio J., Ersson R. e Aeman P. (1998), "The Influence of Amylose and Amylopectin Characteristics on Gelatinization and Retrogradation Properties of Different Starches", Carbohydrate Polymer 35,119-134.
Galema S.(1997) , "Microwave chemistry", Chemical Society Reviews 26, 233238.
Gao J. e Tian R.(1994) , "Graft copolymers of methacrylate onto canna starch using manganic pyrophosphate as an initiator", Journal of Applied Polymer Science 53,1091-1102.
Gemeinhart RA, Park H, Park K (2000) Pore structure of superporous hydrogels (Estrutura de poros de hidrogéis superporosos). Polym Adv Technol 11(8-12): 617-625
Ghandehari H., Kopeckova P., Kopecek J.(1997), "In Vitro Degradation of pH-

Sensitive Hydrogels containing aromatic azo bonds", Biomaterials 18, 861-872.
Hariharan D. e Peppas N.(1996), "Characterization, Dynamic Swelling Behavior and Solute Transport in Cationic Networks with Application to the Development of Swelling-Controlled Release Systems", Polymer 37, ,149-158.
Hashem A., Afifi M., El-Alfy A. e Hebeish A. (2005), 'Synthesis, Characterization and Saponification of Poly (AN)-Starch Composites and Properties of their Hydrogels", American Journal of Applied Sciences 2, 614-62.
Hebeish A. e Guthrie J., "The chemistry and Technology of Cellulosic Copolymers.", Heidelberg: Springer Verlag, 1981.
Hebeish A., Abd El-Thalouth I., El-Kashouti M. e Abdel-Fattah S. (1979), "Graft Copolymerization of Acrylonitrile onto Starch Using Potassium Permanganate as Initiator", Die Angewandte Makromolekulare Chemie 78 ,101-108.
Hebeish A., Bayazeed A., El-Alfy E. e Khalil M. (1988), "Synthesis and Properties of Polyacrylamide-Starch Graft Copolymers", Starch 40, 223-229.
Hedin J., Otlund A. e Nyden M.(2010) , "UV induced cross-linking of starch modified with glycidyl Methacrylate", Carbohydrate Polymers 79, 606-613.
Hoffman A.(2002), "Hydrogels for biomedical applications", Advanced drug delivery reviews 43,3-12.
Hong K., Liu N. e Sun G. (2009), "UV-induced graft polymerization of acrylamide on cellulose by using immobilized benzophenone as a photo-initiator", European Polymer Journal 45 , 2443-2449.
Hong P. e Chen J. (1998), "Network structure and chain mobility of freeze-dried polyvinyl chloride/dioxane gels", Polymer 39 (23), 5809-5817.
Huacai G., Wan P. e Dengke L. (2006), "Graft copolymerization of chitosan with acrylic acid under microwave irradiation and its water absorbency" Carbohydrate Polymers 66 , 372-378.
Jain R.(2000), "The manufacturing techniques of various drug loaded biodegradable poly(lactide-co-glycolide) (PLGA) devices", Biomaterials 21,24752490.
Jasim A., Al-Karawi M. e Hussein A.(2010)," Preparation and using of acrylamide grafted starch as polymer drug carrier", Carbohydrate Polymers 79 ,769-774.
Jayashree B., Virendra K., Bhardwaj Y. , Goel N., Dubey K., Chaudhari C. e Sabharwal S.(2007), "Radiation-induced grafting of acrylamide onto guar gum in aqueous medium: Synthesis and characterization of grafted polymer guar-g- acrylamide", Radiation Physics and Chemistry 76 ,1624-1630.
Jenkins D. e Hudson S. (2001), "Review of Vinyl Graft Copolymerization Featuring Recent Advances Toward Controlled Radical-Based Reactions and Illustrated with Chitin/Chitosan Trunk Polymers", Chemical Review 101, 32453273.
Jhurry D , "Agriculture Polymer", AMAS 1997. Conselho de Investigação Alimentar e Agrícola, Reduit, Maurícia, 109-114.
Jianping G., Jiugao Y., Wei W., Liming C. e Ruchuan T. (1998a), "Graft Copolymerization of Starch-AN Initiated by Potassium Permanganate", Journal of Applied Polymer Science 68 ,1965-1972.
Jianping G., Jiugao Y., Wei W., Liming C. e Ruchuan T. (1998)," Comparison of Transition Metals in The Graft Copolymerization of Vinyl Monomers onto Starch", J.M.S.-Pure Applied Chem. A35 , ,483-494.
Jigar M. e Sinha V.(2007)," Ceric Ammonium Nitrate Induced Grafting of

Polyacrylamide onto Carboxymethyl Chitosan'', Carbohydrate Polymers 67 , 427435.
Jingjia W.(1996), "Preparation and Swelling Properties of Super Absorbent Polymer", Chinese journal of polymer science 14,48-54.
John Wiley & Sons(2003), "General Chemistry of Radical Polymerization", Handbook of Radical Polymerization, Editado por Krzyszt de Matyjaszewski e Thomas P. Davis. ISBN 0-471-39274-X., Inc., 3.
Kabiri K. e Zohuriaan-Mehr J.(2004), "Porous Superabsorbent Hydrogel Composites: Synthesis, Morphology and Swelling Rate" Macromolecular Material Engineering, 289(7), 653-661.
Kabiri K., Omidian H., Hashemi S. e Zohuriaan-Mehr M.(2003), "Synthesis of Fast-Swelling Superabsorbent Hydrogels: Effect of Crosslinker Type and Concentration on Porosity and Absorption rate," European Polymer Journal 39(7),1341-1348.
Kaczmarek H. e Chaberska H.(2006), " The influence of UV-Irradiation and Support Type on Surface Properties of Poly(Methyl Methacrylate) Thin Films", Applied Surface Science 252,8185-8192.
Kaiqiang X. , Xiongli X., Zhiji D. e Meihua Z.(2006), "Synthesis and Flocculability of Sodium Alginate Grafted with Acrylamide", China Particuology 4, 60-64.
Kamath K. e Park K. (1993), "Biodegradable Hydrogels in Drug Delivery", Advanced drug delivery reviews, 11(1-2),59-84.
Kataoka S. e Ando T.(1980), "Formation of optically active Polymers by Radical Polymerization of Methacrylic Acid in the Presence of Chitosan", (japonês), Kobunshi Ronbunshu (Jap. J. Polym. Sci. Technol.), 37, 85-190.
Kato K., Uchida E., Kang E., Uyama Y. e Ikada Y.(2003)," Polymer surface with graft chains", Progress Polymer Science, 28 ,209.
Kaur M. e Srivastava A. (2002), "Photopolymerization: A review", Journal Macromolecular Science Polymer Review C42 ,481-512.
Kawai T., Saito K., Sugita K., Kawakami T., Kanno J., Katakai A., Seko N. e Sugo T.(2000), "Preparation of Hydrophilic Amidoxime Fibers by Cografting Acrylonitrile and methacrylic acid from an Optimized Monomer Composition ", Radiation Physics and Chemistry 59,405-411.
Kazanskii KS, Dubrovskii SA (1992) Química e física dos hidrogéis agrícolas. Adv Polym Sci 104:97-133
Kopecek J. e Yang J. (2007), "Hydrogels as Smart Biomaterials". Polymer International 56,1078-1098.
Kunal P. , Banthia A. e Majumdar D. (2008), "Effect of Heat Treatment of Starch on The Properties of The Starch Hydrogels", Materials Letters 62 ,2008, 215-218.
Kwon I., Bae Y. e Kim S., "Electrically credible polymer gel for controlled release of drugs", Nature 354, 1991, 291 - 293.
Kytai T. e Jennifer L., "Photopolymerizable Hydrogels for Tissue Engineering Applications", West Biomaterials 23, 2002, 4307-4314.
Kyung H., Ning L. e Gang S., "UV-Induced Graft Polymerization of Acrylamide on Cellulose by Using Immobilized Benzophenone as a Photo-Initiator", European Polymer Journal 45,2009, 2443-2449.
Laurent V., Henon S. e Planus E.," Assessment of Mechanical Properties of Adherent Living Cells by Bead Micromanipulation: Comparison of Magnetic Twisting Cytometry vs Optical Tweezers", Journal of Biomechanical Engineering 124, 2002, 408-413.

Lee J., Kumar R., Rozman H. e Azemi B., "Pasting, Swelling and Solubility Properties of UV Initiated Starch-graft-poly(AA)", Food Chemistry 91 ,2005, 203211.
Liang R, Liu MZ (2007) Preparação de poli(ácido acrílico-co-acrilamida)/kaolin e cinética de libertação de ureia a partir do mesmo.
J Appl Polym Sci 106:3007-3015
Lim F. e Sun A., "Microencapsulated islets as bioartificial endocrine pancreas", Science 210(4472), 1980,908-910.
Liming Z., Jianping G., Ruchuan T., Jiugao Y. e Wei W., "Graft Mechanism of Acrylonitrile onto Starch by Potassium Permanganate", Journal of Applied Polymer Science 88,2003,146-152.
Liu MZ et al (2006) Síntese de um fertilizante de azoto de libertação lenta e superabsorvente e suas propriedades. Polym
Adv Technol 17(6):430-438
Liu MZ et al (2007) Preparação de fertilizante de azoto superabsorvente de libertação lenta por polimerização inversa em suspensão. Polym Int 56(6):729-737
Lutfor M., Sidik S., Wan M., Zaki R., Mansor A. e Md J.," Kinetics and Mechanism of Free Radical Grafting of Methyl Acrylate onto Sago Starch", Journal of Applied Polymer Science, 77, 2000,784-791.
Mahdavinia G. , Pourjavadi A., Hosseinzadeh H. e Zohuriaan M.," Modified Chitosan 4. Superabsorbent Hydrogels From Poly(Acrylic Acid-co-Acrylamide) Grafted Chitosan With Salt- and pH-Responsiveness Properties", European Polymer Journal 40 ,2004,1399-1407.
Manners D., "Recent Developments in our Understanding of Amylopectin Structure", Carbohydrate Polymer 11,1989, 87-112.
Mehrotra R. e Ranby B., "Graft Copolymerization onto Starch. III. Grafting of Acrylonitrile to Gelatinized Potato Starch by Manganic Pyrophosphate Initiation", Journal of Applied Polymer Science 22 ,1978, 2991-3001.
Mishra M. e Yagci Y., "Handbook of Radical Vinyl Polymerization", Marcel Dekker Inc., New York 1998, Ch. 7.
Mochalova A. , Zaborshchikova N. ,Knyazev A. e Smirnova L., "Graft Polymerization of Acrylamide on Chitosan: Copolymer Structure and Properties", Polymer Science , Series A , 48,2006, 918-923.
Mohamed Sorour, Marwa El-Sayed, Nabil Abd El Moneem, Hala Talaat, Hayam Shaalan, Sahar El Marsafy, "Synthesis and properties of natural polymer-grafted-acrylamide", World applied science journal 13(2):360-368, 2011
Mohamed Sorour, Marwa El-Sayed, Nabil Abd El Moneem, Hala Talaat, Hayam Shaalan, Sahar El Marsafy, "Free radical grafting kinetics of acrylamide onto a blend of starch/chitosan/alginate", Carbohydrate Polymers 98 (2013) 460- 464.
Mourad P., Murthy N., Porter T., Poliachik S., Crum L., Hoffman A. e Stayton P., "Focused Ultrasound and Poly(2-Ethylacrylic Acid) Act Synergistically to Disrupt Lipid Bilayers in Vitro", Macromolecules, 34,2001, 2400-2401.
Nho Y. e Jin J.," Graft Polymerization of Acrylic Acid and Methacrylic Acid onto Radiation-Peroxidized Polyethylene Film in Presence of Metallic Salt and Sulfuric Acid", Journal of Applied Polymer Science 63,1997,1101-1106.
Nicholas A.," Hydrogels", Biomaterials Science , 2003, 35-42.
Nuchter M., Ondruschka B., Bonrath W. e Gum A., "Microwave Assisted Synthesis - a

Critical Technology Overview", Green Chemistry 6, 2004,128-141.
Omidian H, Park K (2008) Swelling agents and devices in oral drug delivery. J Drug Deliv Sci Technol 18(2):83-93
Omidian H, Park K, Rocca JG (2007) Desenvolvimentos recentes em hidrogéis superporosos. J Pharm Pharmacol 59(3), 317-327
Omidian H, Rocca JG, Park K (2005) Advances in superporous hydrogels. J Control Release 102(1), 3-12.
Partap S et al (2007) Preparação e carateriização de hidrogéis de alginato de porosidade controlada produzidos através de um processo simultâneo de modelação de micelas e gelificação interna. J Mater Sci 42(10),3502-3507
Paul B., Hari K. e Reddy P.(2008), "Structural Changes Associated with Interactions Between Starch and Particles of TiO2 or ZnSe", Journal of chemistry, biochemistry and molecular biology 2,1-13.
Pengfei L., Maolin Z. e Jilan W. (2001), "Study on Radiation-Induced Grafting of Styrene onto Chitin and Chitosan", Radiation Physics and Chemistry 61, 149-153.
Pengju L., Yuezhen B., Yongqiang L., Ru C., Xuan W. e Baoyan Z.(2009)," Studies on Graft Copolymerization of Chitosan with Acrylonitrile by The Redox System", Polymer 50, 5675-5680.
Peppas N., "Hydrogels and drug delivery", Curr. Opin. Coll. Int. Sci. 2, 1997,531537.
Peppas N., Bures P., Leobandung W. e Ichikawa H., "Hydrogels in PharmaceuticalFormulations ", European Journal of Pharmaceutics and Biofarmacêutica 50, 2000, 27-46.
Peppas, N. e Huang Y., "Physicochemical, foundations and structural design of hydrogels in medicine and biology", Annual Review of Biomedical Engineering 2, 2000a, 9-29.
Philippova O., Karibyants N., Stardubtzev S., "Conformational Changes of Hydrogels of Poly(Methacrylic Acid) Induced by Interactions with Poly(Ethylene Glycol)", Macromolecules 27, 1994,2398-2401.
Pourjavadi A, Aghajani V, Ghasemzadeh H (2008) Síntese, caraterização e comportamento de inchaço do quitosano-sacarose como um novo hidrogel superabsorvente de polissacárido completo. J Appl Polym Sci 109(4):2648-2655
Pourjavadi A. e Gholam R. , "Superabsorbency, pH-Sensitivity and Swelling Kinetics of Partially Hydrolyzed Chitosan-g-Poly(Acrylamide) Hydrogels" , Turk Journal Chemistry 30 ,2006, 595 - 608.
Pourjavadi A., Amini-Fazl M. e Hosseinzadeh H., "Partially Hydrolyzed Crosslinked Alginate-graft-Polymethacrylamide as a Novel Biopolymer-Based Superabsorbent Hydrogel Having pH-Responsive Properties", Macromolecular Research 13 ,2005, 45-53.
Pourjavadi A., Mahdavinia G. e Zohuriaan-Mehr M., "Acrylonitrile Grafting Onto Chitosan", Proceedings of The 5th Austrian Polymer Meeting, Leoben, Áustria, 12-14, 2001,77.
Pourjavadi A., Mahdavinia G. e Zohuriaan-Mehr M.," Modified Chitosan. II. H- Chito PAN, a Novel pH-Responsive Superbasorbent Hydrogel", Journal of Applied Polymer Science 90 ,2003b, 3115-3121.
Pourjuvadi A. e Zohuriaan-Mehr M., "Modificação de polímeros de hidratos de carbono por enxerto no ar. 2. Ceric-Initiated Graft Copolymerization of Acrylonitrile onto

Natural and Modified Polysaccharides", Starch 54, 2002a,482.
Prashanth K. e Tharanathan R., "Studies on Graft Copolymerization of Chitosan with Synthetic Monomers", Carbohydrate Polymer 54 ,2003,343-353.
Pulapura S., Kohn J., "Trends in the Development of Bioresorbable Polymers for Medical Applications", Journal of biomaterials applications 6(3), 1992, 216-224.
Qiu Y. e Park K., "Environment-Sensitive Hydrogels for Drug Delivery", Advanced Drug Delivery Review 53, 2001, 321-339.
Quintana J. , Valderruten N. e Katime I., "Synthesis and swelling kinetics of poly(dimethylaminoethyl acrylate methyl chloride quaternary-coitaconic acid) hydrogels", Langmuir F, 15(14), 1999,4728-4730.
Rehab A., Akelah A., Issa R., D'Antone S., Solaro R. e Chiellini E. /'Controlled Release of Herbicides Supported on Polysaccharide Based Hydrogels", Journal of Bioactive and Compatible Polymers 6(1),1991, 52.
Retuert J. e Yazdani Pedram M., "Effect in Potassium Persulfate Initiated Grafting Onto Chitosan", Polymer Bull. (Berlim) 31,1993, 559-562.
Robinson D. e Peppas N., 'Preparation and Characterization of pH-Responsive Poly(Methacrylic Acid-g-Ethylene Glycol) Nano-spheres", Macromolecules 35, 2002, 3668-3674.
Sadeghi M., Heidari B. e Montazeri K., "pH-Responsiveness Properties of a Biodigradable Hydrogels Based on Carrageenan-g-poly(NaAA-co-NIPAM)", World Academy of Science, Engineering and Technology 76 ,2011,417-420.
Samir B., Chandrakant P. e Harikrishna C., 'Fenton's Reagent-Initiated Graft Copolymerization of Acrylonitrile onto Sodium Alginate", Journal of Applied Polymer Science 51,1994, 1421-1426.
Sang B., Sung M., Youn M., Seong K. e Young M., "Preparation of Alginate/Poly(N-isopropylacrylamide) Hydrogels Using Gamma-ray Irradiation Grafting", Macromolecular Research, 12 ,2004, 269-275.
Sannino A et al (2003) Aplicação biomédica de um hidrogel superabsorvente para a eliminação de água corporal no tratamento de edemas. J Biomed Mater Res A 67A(3):1016-1024
Schacht E. , "Polymer Chemistry and Hydrogel Systems", Journal of Physics: Conference Series 3 ,2004, 22-28.
Schacht E., Nobels M., Vansteenkiste S., Demeester J., Franssen J. e Lemahieu A., "Some Aspects of The Crosslinking of Gelatin by Dextran Dialdehydes", Polymer Gels and Networks 1,1993, 213-224.
Scranton A., Bowman C. e Peiffer R., "Photo-polymerization: Fundamentals and Applications" , American Chemical Society Washington DC; 1997.
Shaojie L., Tong L. e Deyong C., "Inverse Emulsion of Starch-graft- Polyacrylamide", Starch 55 ,2003, 222-227.
Shenghua L., Xiaoliang Y., Ruijun G. (2011)," Prepation and Properties of Copolymer of Methacrylic Acid and Acrylamide onto Degraded Chitosan Initiated by HPR/H O_{22} /ACAC", Applied Mechanical and Material 80-81,396-399.
Shigeno Y., Kondo K. e Takemoto K., "Functional Monomers and Polymers", Journal of Macromolecular Science Pure Applied Chemistry A17 ,1982, 571-583.
Singh D. e Roy A., "Radiation-Induced Grafting of N,N'-Dimethyl Amino Ethyl Methacrylate onto Chitosan Films", Journal of Applied Polymer Science 66 ,1997, 869-

877.
Singh V. , Tripathi D., Tiwari A. e Sanghi R., "Microwave Synthesized Chitosan-Graft-Poly (Methylmethacrylate): Um Carbohidrato Aglutinante Zn2CI Eficiente ", Polímeros 65 , 2006c,35-41.
Singh V., Sethi R., Tewari A., Srivastava V., e Sanghi R.(2003)," Hydrolysis of Plant Seed Gums by Microwave Irradiation", Carbohydrate Polymers 54 ,523-525.
Singh V., Tiwari A. ,Tripathi D., Sanghi R.(2006a), "Microwave Promoted Synthesis of Chitosan-Grafted Polyacrylamide", Polymer 47 ,254-260.
Singh V., Tiwari A., Pandey S., Singh S.(2007), "Peroxydisulfate initiated synthesis of potato starch-graft-poly(acrylonitrile) under microwave irradiation", eXPRESS Polymer Letters 1(1), 51-58.
Singh V., Tiwari A., Pandey S.e Singh S. K.(2006b), "Microwave Accelerated Synthesis and Characterization of Potato Starch-g-Polyacrylamide", Starch-Starke 58, 536-543.
Singh V., Tiwari A., Tripathi D. e Sanghi R. (2004), "Grafting of Polyacrylonitrile Onto Guar Gum Under Microwave Irradiation", Journal of Applied Polymer Science 92 ,1569-1575.
Singh V., Tripathi D., Tiwari A. e Sanghi R. (2005), "Microwave Promoted Synthesis of Chitosan-Graft-Polyacrylonitrile", Journal of Applied Polymer Science 95,820-825.
Solpana D., Durana S., Saraydinb D. e Guvena 0.(2003), "Adsorption of Methyl Violet in Aqueous Solutions by Poly(Acrylamide-Co-Acrylic Acid) Hydrogels", Radiation Physics and Chemistry 66,117-127.
Soppirnath K. e Aminabhavi T. (2002), "Water Transport and Drug Release Study From Cross-Linked Polyacrylamide Grafted Guar Gum Hydrogel Microspheres for The Controlled Release Application," European Journal of Pharmacology Biopharm 53(1) 87-98.
Sorbara L., Jones L. e Williams-Lyn D.(2009), "Contact Lens Induced Papillary Conjunctivitis with Silicone Hydrogel Lenses", Contact Lens and Anterior Eye 32 ,93-96.
Stayton, P., Hoffman A., EL-Sayed M., Kulkarni S., Shimoboji T., Murthy N.;Bulmus V. e Lackey C.(2005)," Intelligent Biohybrid Materials for Therapeutic and Imaging Agent Delivery", Proc. IEEE, 93, 726-736.
Suda K., Wararuk C., Manit S. (2000)," Radiation Modification of Water Absorption of Cassava Starch by Acrylic Aacid/acrylamide ", Radiation Physics and Chemistry 59 ,413-427.
Suzuki A. e Tanaka T.(1990) , "Phase transition in polymer gels induced by visible light", Nature 346, 345 - 347.
Taek-Sung H. e Jin-Won P. (2003), "UV-Induced Graft Polymerization of Polypropylene-glycidyl methacrylate Membrane in the Vapor Phase", Macromolecular Research, 11,495-500.
Taghizadeh M. e Mafakhery S. (2001), 'Kinetics and Mechanism of Graft Polymerization of Acrylonitrile 0nto Starch Initiated With Potassium Persulfate", J. Sci. I. R. Iran 12 , , 333-338.
Takeda Y., Maruta N. e Hizukuri S.(1992), "Structures of Amylose Subfractions with Different Molecular Sizes", Carbohydrate Resources 226 , 279-285.
Talaat H., Sorour M., Aboulnour A. e Shalaan H.(2008), "Development of Multi-

Component Fertilizing Hydrogel with Relevant Techno-Economic Indicators", American- Eurasian Journal of Agricultural and Environmental Science, 3, 764-770.
Talaat H., Sorour M., Aboulnour A., Shalaan H., Ahmed E. e Awad A. (2008a), "Parametric Study for Hydrogel with Medium Swelling: Preparation and Characterization", Transactions of the Egyptian Society of Chemical Engineers (TESCE) 34,283-301.
Tang C et al (2005) Novos compósitos de hidrogéis superporosos baseados em solução aquosa de Carbopol((R)) (SPHCcs): síntese, caraterização e estudos de força bioadesiva in vitro. Eur Polym J 41(3):557-562
Temel O. e Ismail C.(2007)," Synthesis of Block Copolymers via Redox Polymerization Process: A Critical Review", Iranian Polymer Journal 16,561-581.
Tripathy T. e Singh R. (2000)," High Performance Flocculation Agent Based on Partially Hydrolyzed Sodium Alginate-g-Polyacrylamide", European Polymer Journal 36, ,1471-1476.
Walling C., em N. H. Jaffrey, ed., Energetic of Organic Free Radicals, (Struct. Energ. React. Chem. Ser., Vol. 4, Chapman & Hall, Nova Iorque, 1996, p.1.
Wang L. e Xu Y.(2006), "Graft Copolymerization Kinetics of Ethyl Acrylate onto Hydroxypropyl Methylcellulose Using Potassium Persulphate as Initiator in Aqueous Medium", Iranian Polymer Journal 15 (6), 467-475.
Wang Z. e Liu Z. (2006), "A otimização da síntese de copolímeros de enxerto de amido com monómeros de vinilo", Journal of Wuhan University of Technology - Mater. Sci. Ed. 21 de junho, 83-87.
Wiley J. and Sons (2002), Initiators, free-radical , Encyclopedia of Polymer Science and Technology. Copyright, Inc. 6, 563.
Willett D. e Finkenstadt V.(2003), "Preparation of Starch-Graft-Polyacrylamide Copolymers by Reactive Extrusion", Polymer Engineering and Science 43 , 16661674.
Willett J. e Finkenstadt V. (2006)," Initiator Effects in Reactive Extrusion of Starch-Polyacrylamide Graft Copolymers", Journal of Applied Polymer Science 99, 52-58.
Wong T., Chan L., Kho S. e Heng P.(2002)," Design of Controlled-Release Solid Dosage Forms of Alginate and Chitosan Using Microwave", Journal of Controlled Release 84 , 99-114.
Wu J. (1996), "Preparation and Swelling Properties of Super Absorbent Polymer", Chinese Journal of Polymer Science 4 (1), ,48-56.
Xu Z., Gao H., Qian M., Yu Y., Wan G. e Chen B. (1993), "Preparation of Bipolar Membranes Via Radiation Per-oxidation Grafting", Radiation Physics Chemistry 42,963-974.
Yang Y., Geil, P.(1983), "Morphology and properties of PVC/solvent gels", Journal of Macromolecular Science of Physics, 22,463-488.
Yannas I., Lee E., Orgill D., Skrabut E. e Murphy G.(1989), "Synthesis and Characterization of a Model Extracellular Matrix that Induces Partial Regeneration of Adult Mammalian Skin", Proceedings of the National Academy of Sciences 86(3), 933-937
Yazdani-Pedram M., Lagos A. e Retuert J., "Study of The Effect of Reaction Variables on Grafting of Polyacrylamide onto Chitosan", Polymer Bulletin 48,2002, 93-98.
Yazdani-Pedram M., Retuert J. e Quijada R. (2000), "Hydrogels Based on Modified Chitosan, 1. Synthesis and Swelling Behavior of Poly(Acrylic Acid) Grafted Chitosan",

Macromolecular Chemistry and Physics 201, 923-930.
Yihua Y. , Xingmin J., Hui D., Yi Y. e Hua Z.(2008) , "Study of The Swelling Dynamics with Overshooting Effect of Hydrogels Based on Sodium Alginate-g- Acrylic Acid", Carbohydrate Polymers 71 , 682-689.
Yoshito I., Yasuko N. , "Chemical Structure of Cellulose-Styrene Graft Copolymer", Bull. Inst. Chem. Res., Vol. 50, No. 1, 1972.
Youming C. , Xiaosun Q. , Jun S., Fanming Z. e Shangan L. (2002), "Graft Copolymerization of Acrylamide Onto Carboxymethyl Starch", European Polymer Journal 38, 1921-1924.
Young-Wook S., Hyun-Sung D., Hyo-Sook J., Dong-Hyuk L., Sumin K. e Hyun- Joong K. (2006), "Effect of Grafting of Acrylic Acid onto a PET film surfaces by UV Irradiation on The Adhesion of PSAs", Journal of Adhesion Science Technology 20 ,1357-1365.
Yu H., He J., Liu L., He X., Gu J. e Wei X. (2007), "Photo-induced Graft Polymerization to Improve Antifouling Characteristics of an SMBR", Journal of Membrane Science 302,235-342.
Zhang X., Goosen F., Wyss S. e Pichora D.(1993), "Biodegradable Polymers for Orthopedic Applications", Polymer Reviews,33(1), 81-102.
Zhao S., "Preparation and Application of Sodium Alginate", Wuhan Chemical Industry transactio, 11,1989,14. (em chinês)
Zhao Y, Kang J, Tan TW (2006) Hidrogel de rede polimérica semi-interpenetrante sensível ao sal, ao pH e à temperatura à base de poli(ácido aspártico) e poli(ácido acrílico). Polímero 47(22):7702-7710
Zhenxia Z., Zhong L. , Qibin X., Hongxia X. e Yuesheng L., "Fast Synthesis of Temperature-Sensitive PNIPAAm Hydrogels by Microwave Irradiation", European Polymer Journal 44,2008, 1217-1224.
Zohuriaan-Mehr M., "Advances in Chitin and Chitosan Modification through Graft Copolymerization: A Comprehensive Review" , Iranian Polymer Journal 14,2005, 235-265.

MIX
Papier aus verantwortungsvollen Quellen
Paper from responsible sources
FSC® C105338

Printed by Books on Demand GmbH, Norderstedt / Germany